青弓社ライブラリー83

SEIKYUSHA LIBRARY

クイズ化するテレビ

黄菊英／長谷正人／太田省一

青弓社

クイズ化するテレビ　目次

クイズ化するテレビ　黄菊英

装丁——伊勢功治

クイズ化するテレビ

黄菊英

序章　テレビとクイズのはざまで

「テレビはバカの箱」。韓国にはそういう言葉がある。子どもがテレビの前に座り込んでいようものなら必ず言われるこの言葉を、私も小さい頃よく聞かされたものだ。しかし私は、「バカの箱」が好きだった。その箱の中には見たことも聞いたこともないものがたくさん詰まっていて、気になって気になって、大人になんと言われようが、私はテレビを見続けた。それでいて、軽薄だ、低俗だ、子どもだましだとさんざんバカにしたものだが、正直に言うと、だからこそテレビが好きだったのだ。

テレビは私よりずっと物知りなのに、どこかバカにしやすいところがあった。本や映画、音楽には言いづらかった批評がなぜかテレビに対してだと言えたし、テレビから聞こえることなんていくらでも聞き流せると思っていた。ちょっと見ればテレビが何をしようとしているかなんて見破れたし、リモコン一つでコントロールできるのがテレビというものだと信じ込んでいた。長年見慣れたものだから、というだけで、私はテレビに対しては万全の自信をもってきたのである。

ところが、二十代後半になって留学のために来日し、日本のテレビに遭遇するや、私のこの絶対の自信はあっさり消え失せてしまった。遠来の地ならぬお隣の国日本、そこで私はまるで初めてテレビを見たかのように、とまどってしまった。なぜか妙な緊張感があり、韓国でテレビを見ていたときのような心地よいくつろぎがまったくないのだ。もちろん、言語も違えば文化も違うのだから、違和感があって当たり前なのだが、それだけではない緊張感に、ときおりイライラすることさえあった。

これはどうしたことかと考えたものの答えが見つからず諦めかけたとき、友人の何げない指摘に私はハッとした。〝なんでテレビにいちいち答えているの？〟――そう、私はテレビが投げかけるさまざまな質問に一生懸命答えていたのだ。クイズ番組の問題だけではなく、司会者が軽く投げかける問いかけ、コマーシャル（以下、CMと略記）前の画面に現れる「このあと何が起こるか」というテロップに対してまで。

友人に指摘されたあとも私はどうしてもテレビの質問を無視できず、ときには正解が気になってトイレに行きそびれることさえあった。テレビなんかリモコン一つでコントロールできると思っていたのに、逆にテレビにコントロールされる羽目になったのである。

もちろん、こんな状態は長くは続かなかった。見続けることで次第に適応し、無意識的に反応する回数も減っていった。しかし、私にこんな経験をさせた日本のテレビには、非常に強く興味がわいた。いったい日本のテレビの何が、私にこんな反応を引き起こしたのか。その正体は何か。こうした問題意識で改めてテレビを見ると、以前は気づかなかった新たな一面が見えてきた。本書はこの発見から始まった研究の成果である。

日本のテレビは無数の質問とクエスチョンマークであふれている。視聴者が手軽に情報を得たり、気楽に画面を眺めたりしているつもりでも、実はテレビは質問を投げかけ続けている。明確に質問として示されているクイズ番組から、一見質問だとは気づかないものまで、その形式は多様である。

しかし、誰よりも情報を握っているはずのテレビが、なぜ視聴者に質問を投げかけるのだろうか。そもそも視聴者が答えたところでそれはテレビには届かない。テレビは解答をすでにもっていて、情報で劣っている視聴者に対して「答えは何でしょうか？」「あなたはどう思いますか？」と問いかけているだけなのである。

テレビがもつこのようなコミュニケーション的特性はなぜ生まれ、それを我々はどれほど自覚してきたのだろうか。なぜテレビは質問し、視聴者はそれをただ見つめるのか。このことにはどんな意味があるのだろうか。

それらの疑問に答えるため私が最初に注目したのは、日本のテレビ番組に占めるクイズ番組の数の多さである。たとえば二〇一〇年のデータによると、東京では週に二十一本のクイズ番組（東京の五つのキー局での番組中、一〇年四月の番組表でクイズ番組と分類されたもの）が放送されていた。テレビでクイズ番組を見ない日がないばかりではなく、その半数以上を占める十一本が、いわゆるプライムタイム(1)に放送されていた。一〇年だけが特別に多かったわけではなく、日本ではテレビの誕生以来、クイズ番組は人気を博し続けている。一九七九年にはすでに週に二十三本のクイズ番組が放送されていたし(2)、二〇〇八年にはフジテレビがプライムタイムにクイズ番組を集中させるという戦略的な番組編成をおこなっている(3)。

クイズ番組はテレビ業界にとって最適のコンテンツである。日本以外でもさまざまな国でテレビ番組の定番とされ多様な形式がある。しかし、日本のテレビ業界のクイズ番組への依存度の高さやその積極的な活用は突出しているといえるだろう。たとえば二〇一〇年四月に韓国の四つの地上波キー局で放送されたクイズ番組は八本で、同時期の日本と比べるときわめて少ない。年によって差はあるが韓国では年に五本前後にとどまることが多い[4]。

日本のテレビに顕著なこの傾向は何を示しているのだろうか。そして、クイズ番組の視聴体験は我々に何をもたらしているのだろうか。本書の最終目的は視聴者に質問を投げかけるというクイズ的コミュニケーションをテレビの特性の一つとして挙げ、このコミュニケーション方式について明らかにすることだが、まず、その特性がはっきり表れているクイズ番組から考察をしたい。

そこでまず、一般的に用いられる「クイズ番組」という言葉について検討する。これを研究の用語として使うのには注意が必要である。そもそもこの言葉には定義づけもなければ客観的基準もない。前述のテレビ番組の分類は番組表やテレビ局のジャンルづけによるものであり、あくまでも制作側の主観的な分類である。そのため実際の視聴では正確に区分しがたいと感じる場合もあり、二つ以上のジャンルにまたがる性格をもつ番組も少なくない。実際の例を見てみよう。表1は鈴木常恭が二〇〇一年一月の地上波各局の主要なクイズ番組をまとめたものである。

テレビ朝日系の『パネルクイズ アタック25』やフジテレビ系の『クイズ$ミリオネア』のように、積極的にクイズコンテンツをアピールしながら、比較的伝統的なクイズ番組の形式（出題と解

表1　地上波各局の主要なクイズ番組

NHK総合	『新・クイズ日本人の質問』(日曜、19時20分―20時)
フジテレビ系	『クイズ$ミリオネア』(木曜、19時―19時53分)
テレビ朝日系	『タイムショック21』(月曜、20時―20時50分) 『パネルクイズ・アタック25』(日曜、13時25分―13時55分)
テレビ東京系	『クイズ赤恥青恥』(水曜、21時―21時54分) 『クイズところ変れば!?』(金曜、20時―20時54分) ※ 『クイズ!爆笑問題』(火曜、23時55分―0時55分) ※
日本テレビ系	『世界まる見え!テレビ特捜部』(月曜、20時―20時54分) ※ 『1億人の大質問!?笑ってコラえて!』(水曜、19時―19時58分)※
TBS系	『関口宏の東京フレンドパークII』(月曜、19時―20時) ※ 『世界・ふしぎ発見!』(土曜、21時―21時54分) ※ 『さんまのスーパーからくりTV』(日曜、19時―20時) ※ 『どうぶつ奇想天外!』(日曜、19時―20時) ※ 『世界ウルルン滞在記』(日曜、22時―22時54分) ※

(出典:鈴木常恭「テレビジョン番組研究序説――クイズ番組というジャンル」「尚美学園大学芸術情報研究」2007年11月号、尚美学園大学芸術情報学部、45ページ)
※印はクイズ形式を取り入れた情報バラエティー番組

答が中心で、正解すると点数や賞金が貯まるなど)をもつ番組は視聴者にもクイズ番組として認識されているだろうが、TBS系の『さんまのスーパーからくりTV』などがクイズ番組として分類されているのは視聴者の感覚とはずれがあるかもしれない。この番組は、「面白投稿ビデオ」、視聴者悩み相談、替え歌対決などの多様な企画をもとに司会の明石家さんまと出演者がトークをする形式をもつ。一回の放送で三問程度のクイズが出されてはいるのだが、出題数自体が少ないうえに、クイズそのものや正解者への注目度も低いため、クイズ番組というよりはお笑いトーク番組のなかに、ちょっとしたクイズが入っているという印象が強い。

『関口宏の東京フレンドパークII』も、クイズコーナーが存在するものの、それはあくまで番組の一部であり大半はクイズ形式ではない。番組のサイトによれば、計十八のコーナーのうちクイズ形式をとるのは三つだけで、それ以外はスポーツゲームのコーナーである。[5] 番組の一部にクイズコーナーがある番組となると、『森田一義アワー 笑っていいとも!』(以下、『笑っていいとも!』[6] と略記)から『SMAP×SMAP』[7] まで数えきれないほどある。

このため表1にも「※印はクイズ形式を取り入れた情報バラエティー番組」という注記がついているが、この「情報バラエティー番組」というジャンルも定義が明確ではない。テレビ番組全体を検討してみた結果、クイズ形式はジャンル横断的に幅広く使われているため、いわゆる「クイズ番組」だけを考察の対象にしても本書の目的にはかなわないことがわかった。また、ここから私は、クイズ形式が日本のテレビ番組全般に共通するパターンであることに改めて気がついた。このことはすでに先行研究でも指摘されたことがあるが、本格的に分析されてはいない。そこで本書では、日本のテレビがもつ「クイズ的性格」について明らかにしたいと思う。ただし、これはクイズ番組を定義する客観的な基準を見つけるためではない。本書ではむしろ、一つの枠に当てはめきれない、クイズ形式の多様性と応用性に注目していきたい。また、「クイズ番組」という既存の区分も、テレビ局側はそう意図して番組を制作しているのだからそれも有用な区分であると見なして、いわゆる「クイズ番組」をまずは考察の対象として、論を進めていきたい。

ところで、「クイズ」とは何だろうか。英語の Quiz を語源とする外来語なのはまちがいないが、『広辞苑』では「クイズ:(教師の試問の意)問題を出して相手に答えさせる遊び。またその問題」[8] と定義づけられている。「問題」「質問」が一般的におこなわれているクイズ的コミュニケーションの基本的な前提になっているのはまちがいないだろう。また、「教師」「試問」に対し「遊び」という一見対立するようにも見える意味をもつ点にも注目したい。

英語の Quiz 自体が「test」「game」[9]、「knowledge」「entertainment」[10] といった複数の意味をもつ。これについてはまたのちに述べるが、ひとまずここではクイズという概念が「教育・テスト・知識」「遊び・ゲーム・エンターテインメント」のように大きく二つに分けられる領域に関係しているという点を指摘しておく。

ただし、これらはあくまで辞書の定義である。我々が日常生活でおこなっているクイズ的コミュニケーションを説明するには十分ではない。そこで、私は日常のコミュニケーションのなかでクイズが用いられる場合、そこでクイズがどういう役割や意味をもつのか、またそうしたコミュニケーションはどういう条件下で成立するのかについて考えることで、本書が用いる「クイズ」という語を定義したい。

そのためにまず、クイズが意味やおもしろみをもつためにはどのような要件が必要なのかから考えてみよう。

クイズが効果的に使われるためにはまず、コミュニケーションを交わす人間同士のあいだに情報の量と質の差、身体的・精神的能力の差が存在しなければならないと思われる。仮にまったく同じ情報が書いてある書類をある二人に配って、書かれている順番にその内容に関するクイズを出し合うようにさせたなら、文章を読んで音を出す能力以外には、記憶力も瞬発力もまったく関係ない行為になるだろう。彼らは意味あるクイズ的コミュニケーションをしていると言えるだろうか。

おそらく、彼らのあいだに存在するのは、問題を出して答えるという機械的な行為の反復だけだろう。ここに、その行為を見守る第三者を設定してみよう。二人のクイズの出し合いはどちらかを応援したり、感情移入したりするような性格のものではない。それを見続けることは楽しいだろうか。情報と能力の差があるときこそ、クイズは意味をもつのであり、それを見ることにもおもしろさが生まれるのである。

クイズとは、情報をもっている者が情報をもっていないかもしれない者に対して質問をし、相手が解答することである。答えられないか、答えが間違っている場合には、正解を教える。すると、それによって結果的に情報が共有される。すなわち、クイズを通じて知識・情報が一方から他方へと渡るのである。ここからクイズには「知識を伝える」「情報を提供する」という機能があることがわかる。あるいは「知らせる」「教える」ということもできるだろう。[11]『広辞苑』の定義でも「教師」「試問」などの単語が使われていた。クイズは情報の伝達と共有、教育に関わる行為だと考えられる。これをクイズの大きな特性として取り上げ、クイズとは「啓蒙」の機能をもつコミュニケーションツールだと、ここではまとめておく。

次には、「対決してみたい」「勝ちたい」または「ゲームの結果がどうなるのかドキドキする」などの競争から生じる刺激的体験と、誰かを応援したりチームになったりすることで生成されるイベント性、当てたときのうれしさなどの要素が、クイズにはある。先に述べた「啓蒙」をクイズの知的活動の側面とするなら、これは感覚的体験、または快楽と密接に関係する側面である。この二つの側面は別々の体系に属するが、相互に関連している。『広辞苑』の定義で、「試問」／「遊び」という相反する意味の単語が使われていることからも、このことは読み取ることができる。すなわち、クイズは何かを伝える行為、楽しい遊びであると同時に、両方を折衷するか、一方に他方の要素を介入させることでシナジー効果（相乗効果）を発揮することができるツールである。ただ、どちらの要素に重きを置くかによって特徴が異なる。

「啓蒙」の側面に重点を置けば、「楽しむ」「遊ぶ」といった快楽的要素は、人に知識を与え教導するときに生じがちな抵抗を和らげる道具となるだろうし、反対に「娯楽」の側面に重点を置くと「啓蒙」の側面は遊びに付加されるプラスの効果・結果と見なされる（クイズというゲームを楽しみながら自然になんらかの知識や情報を得た、ということだ）。二つの異なる要素はこのような形でクイズのなかに共存しているのだ。この二つがクイズの基本的要素であることはまちがいないといえる。

しかし、すべてのクイズ的コミュニケーションがこの二つのいずれかの目的のためだけに使われているのだろうか。たとえば、日常的によく耳にする、「このカバンいくらだと思う?」「なぜそんな名前になったか知っている?」といった会話はどうだろう。

これもクイズではないとは言いきれない。最も基礎的な形式的条件である質問があるかぎり、たとえ解答者が答えられない（または正解を探そうともしない）としても正解は決まっているのであればクイズは成立する。むしろ、クイズは正解を当てられない可能性から成立されるものである。

クイズには決まった正解が必要であることは、どのレベルのクイズ的コミュニケーションでも変わらない。その正解が真理かどうかは別として、少なくとも問題を出題する際に出題者は解答者が決まった答えを見つけることを求めている。正解が決まっているからこそクイズが「テスト」という性格をもつことになり、「遊び」としてのクイズが成り立つ。正解をどのぐらい多く当てられるか、またいかに早くその答えを探し出せるかの競争が、クイズに勝利という要素を生み出す。ただ、前述の会話が「啓蒙」とも「娯楽」とも違うのは、質問者にとって相手が正解することがそれほど重要ではないという点である。

「啓蒙」か「娯楽」が目的の場合は正解を当てるかどうかが何より大事で、それがテストの点数やゲームの勝利といった結果を左右する。しかし、カバンの値段を聞くときに人が求めているのは、はたして正解なのか。むしろ、相手を会話に引き込むための会話の技術、答えの意外性やおもしろさを利用して人を引き付ける会話的手法と考えたほうがいい。実際、質問という形式を用いず最初から「このかばん、一万円だよ」と言っても、伝達される情報は同じである。しかし、内容は同じでもクイズ的要素が加わるとなぜかよりおもしろく、注目度が高い会話になる。クイズが話題を何か特別なものに変えるのである。

ただし、日常的会話でこのような表現を繰り返し使うことはほとんどない。これを繰り返すと、「言い方が回りくどい」「いちいち反応しなければならないのが面倒くさい」とかえって反感を招く。しかし、「クイズをしよう」と宣言すればこのような反復が許される。つまり、クイズは人を会話に引き込み、注意を向けさせ続ける会話的道具であると同時に、反復的な問いかけが許容されるコミュニケーション形式であるともいえる。そして、これこそが本書が掲げるクイズの定義である。

ここまでの考察をふまえて、本書ではクイズを以下のように定義しておく。

質問と答えという形式に基づいた
①啓蒙
②娯楽
③見せ物化
のためのコミュニケーション形式

以下の章ではこの定義に基づいて、「テレビにおけるクイズ」の考察を進めていく。クイズはテレビという媒体によって、どのような特徴をもつようになるのか。テレビはクイズをどのような形で表現し、クイズはテレビのなかでどのような役割を果たしているのか。次章ではこのような問題について考えていく。

情報を伝え、娯楽を提供するというクイズの定義は、実はテレビの機能と非常に似通っている。だとすると、クイズはテレビという媒体と、必然的に強く結び付いているのかもしれない。

注

(1) 日本民間放送連盟の放送基準第十八章によると、プライムタイムとは十八時から二十三時までのあいだの連続した三時間半をいう。テレビ業界ではゴールデンタイムと呼ばれることもある。

(2) 鈴木常恭「テレビジョン番組研究序説――クイズ番組というジャンル」(「尚美学園大学芸術情報研

究」二〇〇七年十一月号、尚美学園大学芸術情報学部、四三ページ）を参照。

（3）岩田太郎「「週三十番組時代」の突入か？クイズ番組ブーム到来」（「調査情報」二〇〇八年七・八月号、ＴＢＳメディア総合研究所、五〇ページ）によると、二〇〇八年四月当時、週にレギュラー放送されたクイズを用いたレギュラー番組の総本数は週三十本近くにのぼり、なかでもフジテレビは火曜日を除くすべての曜日の十九時台にクイズ番組を編成した。『クイズ！ヘキサゴンII』の視聴率二〇パーセントに迫る人気を中心に、ほかにも平均一〇パーセントを超える番組が十一本もあったという。

（4）韓国地上波放送局の番組表を参照。ＫＢＳ１ＴＶ／２ＴＶ（www.kbs.co.kr）、ＳＢＳ（www.sbs.co.kr）、ＭＢＣ（www.imbc.com）。以上、二〇一二年八月二十五日にアクセス。

（5）「ＴＢＳ東京フレンドパークII」公式サイト（http://www.tbs.co.jp/tfp2/atr_wall.html〔二〇一一年十二月二十八日アクセス〕）を参照。

（6）フジテレビ系列。一九八二年から二〇一四年まで、番組表ではバラエティー番組と分類されていた。フジテレビ編成局の荒井昭博はインタビューで、『笑っていいとも！』は過去からの通算で八千ものコーナーをもうけてきたが、そのうち三分の二がクイズコーナーだと言っていた（荒井昭博「インタビュー〝お茶の間〟に向けたクイズの帯状編成 フジテレビ」「放送文化」第二十一号、ＮＨＫ出版、二〇〇九年、二九ページ）。

（7）フジテレビ系列。一九九六年から現在まで、番組表ではバラエティー番組と分類されている。番組ホストであるＳＭＡＰがゲストのために料理を作る「BISTRO SMAP」を中心に、多様なコントとさまざまなコーナーがちりばめられているが、「『ONE PIECE』名場面クイズ」「イントロクイズ」などのクイズコーナーも多い。

(8) 新村出編『広辞苑 第五版』岩波書店、一九九八年

(9) Albert Sydney Hornby, Sally Wehmeier, Colin McIntosh and Joanna Turnbull, *Oxford Advanced Learner's Dictionary: Of Current English*, Sixth ed., Oxford University Press, 2000, *Longman: Dictionary of Contemporary English Online.* (http://www.ldoceonline.com/〔二〇一二年六月二十八日アクセス〕)

(10) *Collins English Dictionary*, Collins, 2010.

(11) ただ、この場合には、質問と答えの形式をとることが前提であると強調しておく。この前提がないと、一方的な知識の注入や情報提供などまでがクイズのなかに含まれてしまう恐れがあるからである。

第1章　クイズと「啓蒙」

多くの人は娯楽としてテレビを視聴し、バラエティー番組としてクイズ番組を見る。しかし、クイズ番組には、その内容から出題方式、番組の構造まで啓蒙的な要素が関与している。クイズと啓蒙の密接な関係はテレビでも確実に見て取れる。以下では例を挙げながら、日本のクイズ番組がもつ啓蒙的な側面を考えていきたい。まず、問題の内容からクイズの啓蒙性を読み解いていこう。

1　カルチュラル・リテラシーの共有

クイズ番組の啓蒙性を考えるうえで、その番組がどの文化圏で消費され、参加者（視聴者）がどのような文化と情報、経験を共有してきたのかは、重要な要素となる。特定の範囲に限られない普遍的情報もあるだろうが、それぞれの文化圏によって共有する情報と知識の範囲、価値などの差が存在しうるからである。文化的知識を必要としない、感覚だけに依存するタイプの出題もあるが、そのようなケースはごくまれで、ほとんどすべてのクイズには、参加者の文化圏は直接的・間接的に影響を及ぼすと思われる。

たとえば個人的な経験を言えば、私は日本に来た当初、クイズ番組を見ていて答えられる分野とそうではない分野が明確に分かれていた。答えられるのは英語・スポーツ・世界史など国際的に共通する分野の問題だけで、日本の歴史・社会・地理・風習などの問題は日本語の意味自体がわかっても答えられなかった。たとえば図1の問いの場合は、明治維新の三傑という日本史に関する詳しい知識を必要とするし（正解は大久保利通）、図2の問いは、「××とかけて○○と解く」という日本の「なぞかけ」遊びを知らなければそもそも答えようがない（正解は「せいざ〔正座／星座〕」）。そのような問題は、留学生の私にとってはクイズ問題というよりそれこそ勉強に近く、メモをとりながら視聴することもあった。通常は自分が属している文化圏でつくられたクイズ番組しか見ないのでこのことに気づくきっかけがないが、文化的背景による制約は確かに存在する。

先行研究もクイズのこのような傾向に言及していて、石田佐恵子はエリック・ドナルド・ハーシュ・ジュニアのカルチュラル・リテラシーという概念を用い、以下のように述べている。

クイズ形式の文化を理解しようとするとき、キーワードの一つとなると思われるのは「カルチュラル・リテラシー（cultural literacy）」である。カルチュラル・リテラシーとは、E・D・ハーシュ・ジュニアが同名の書物で用いた概念であり、その本のサブタイトルには「我々の子どもたちが知るべきこと」とある。（略）その項目に上げられているのは、英語・文学・音楽・芸術・聖書・哲学・アメリカ史・科学史・政治経済・世界史・世界の科学史・世界の地理・数学・物理学・生命科学・工学などであり、それらはそのままクイズの設問となるような知識である。（略）クイズに出される設問を、その国民国家やメディアが流通する範囲に共有されているカルチュラル・リテラシーととらえるとき、クイズ・ゲームやクイズ番組の性質のひとつが明らかになる。すなわち、ドラマや物語、漫画などとは違い、クイズの面白さは単純に翻訳しただけでは国境を越えにくい、という性質である。ある文化を中心化・正統化し、「〇〇人なら知っておくべき知識の体系」として提示されるように、国民国家に強く境界づけられているのである。(1)

出題を翻訳しても外国人には答えられないクイズはたくさんある。たとえば関連映像を見せて川柳の下の句を答えさせるといったクイズは、日本の文化と言葉遊びの伝統までわかっていないと当てられない。反対に、外国人でも答えられる問題は、日本だけではなく「世界共通で現代人が知っておくべき知識の体系」に属している事柄だと言えるだろう。

あるクイズが一定の文化圏の外の人々には通用しない場合、そのクイズはその文化圏でだけ知っておくべきだと期待される内容を扱っているということになる。日本の歴史、市・都・県の名称と位置、法律などに関する問題が、日本のクイズ番組で頻繁に出題されるのは、その一例である。このようにクイズ番組が常にカルチュラル・リテラシーを基盤に成立しているということは、すなわちクイズ番組が日本人が知っておくべき知識や理解すべき文化を盛んに紹介し視聴者を教育していることを意味する。

具体例を挙げて日本のクイズ番組の内容とカルチュラル・リテラシーを考えてみよう。図3から

図1　『ネプリーグ』フジテレビ系列（2010年２月１日）

図２　『天才をつくる！ガリレオ脳研』テレビ朝日系列（2009年11月28日）

図6は、アメリカで英語の正確なスペルを出題するのと同様に、（今日ではグローバル化、移民コミュニティーの増加などによってその基準が薄まっているとはいえ）その国で生活していくための最も基本的な常識である国語の能力を問うものである。一つの文化圏の歴史・文化・ライフスタイルを理解するうえで、言葉が絶対的な役割を果たすという点から考えると、言葉はそれ自体が一つのカルチュラル・リテラシーであると同時に、ほかのカルチュラル・リテラシーの基盤となる要素だとも言える。実際、日本のクイズ番組では、漢字の書き方、読み方といった漢字そのものについての問題と、そこから派生する熟語問題・連想問題にいたるまでの多様な漢字関連クイズが出題されている。図3・4のような問題が、漢字そのものへの理解や習熟度を問う問題だとすれば、図5は漢字の組み合わせを考えて適切な単語を類推する語彙力に関する問題であり、図6の場合は漢字の意味や象徴性を理解したうえで連想を重ね、歴史的知識までを必要とするクイズの例である。たとえば、図3の問いは、「ハカる」という同じ動詞が漢字の違いによって、測る・図る・計る・量るなどと使い分けられるという日本人にとっても高度な知識が要求される（ここでの正解は「計る」）。

日本語は漢字以外に平仮名と片仮名も使うので、正確な漢字がわからなくても平仮名か片仮名で書くことだけはできる。だが、一つの漢字が複数の読み方をもつことが多いため、日本語を母国語とする人々にとってさえ完璧に上達するにはよりいっそうの教育が必要となる。これはアルファベットだけで表記される英語などとは異なった言語的な特徴だろう。同じ漢字圏である韓国の場合は、その意味や音は漢字に基づいているのだが、日常的な場面では読み書きをすべてハングルで統一している。そのため、ほとんどの場合、漢字がわからなくても日常的な読み書きには何の問題もない。

いまの日本ではパソコンや携帯が普及したため手書きで漢字を書く機会が減り、機械による自動変換に頼るようになっているため漢字習熟度が下がってきているが、漢字の重要度そのものは落ちていない。新聞や書籍といった活字メディアはもちろん、ファミリーレストランのメニューを読むのにも、漢字の能力は必要とされる。したがって、カルチュラル・リテラシーとしての漢字がクイ

図３　『熱血！平成教育学院』フジテレビ系列
（2010年２月７日）

図４　『ネプリーグ』フジテレビ系列（2010年２月１日）

ズ番組によく登場するのはごく自然な現象であり、見方によっては公的メディアであるテレビが担う啓蒙の役割を、クイズ番組が果たしているとも考えられる。

漢字のクイズで興味深いのは、出題の際必要になる視覚的な要素とテレビという媒体の特性の関係である。さかのぼると日本のクイズ文化の発祥はラジオにあり、視覚的要素がなくても成立する

図５　『パネルクイズ アタック25』テレビ朝日系列
（2010年１月10日）

図６　『クイズプレゼンバラエティー Qさま!!』テレビ朝日系列
（2010年４月２日）

クイズはいくらでもある。しかし、漢字の問題の場合は視覚的な情報が必須である。たとえば、図4の問いは、解答の結果をただ見せるのではなく、徳島県という漢字を解答者が正確に書けるかどうかその過程を視覚的に見せるという工夫を凝らしている。図5と図6の場合も、聴覚では同時に伝えられないヒントを一括して「見せる」ことで直観的な連想クイズが可能になる。もし、ラジオでこのような出題をするとすればヒントをいちいち説明するために時間が無駄になり、答えようとする人にもおもしろさが伝わらなくなるだろう。新聞のような活字メディアはその視覚的要素を提供できるが、他人と一緒に楽しんだり解答に至る過程を知ったりすることはできない。漢字問題はその視覚的要素ゆえに、より「テレビ的なもの」としての特性をもつようになったといえる。

また、それゆえに漢字クイズは今後の技術的変化にさらに影響を受けるものと予想される。技術的変化とは、デジタルテレビと大型テレビの普及である。二〇一一年のデジタル放送への完全移行でより高い画質でテレビを見られるようになったことをきっかけとして、各家庭では大型テレビの普及が進んだが、これによって、より細かい視覚情報をより鮮明に伝えることができるようになった。たとえば、画数の多い漢字がテレビ画面上で読みやすくなるなどの細部の変化が少しずつ起きている。これが漢字クイズでどのように活用されるかはまだわからないが、以前よりも漢字の視覚的伝達力を高めることはできるだろう。カルチュラル・リテラシーの根幹をなす言語の領域の知識であるにもかかわらず、近年国民の読み書き能力が低下しているといわれている漢字は、視覚的要素という特性と合わせて、テレビのクイズ番組との相性のよさは、ほとんど必然的だといっていいだろう。

２　知的欲求への刺激

前節では出題の内容について考察したが、この節ではクイズ番組の構造と「細部的要素」からクイズ番組の特徴を見ていく。典型的なクイズ番組は、最も多く正解した人（またはチーム）が名誉や権力を得るか、物質的報酬を受けるという構造をもつ。視聴者参加型の場合には優勝者は高額の賞金や旅行券などを受け取ることが多く、タレント参加型の場合には番組宣伝のための時間や罰ゲーム免除権、グルメ試食権などが賞になる。このような賞金・賞品がない場合でも、優勝者というタイトルや殿堂入りなどの称号を通じて名誉を手に入れたり、能力を認められたりする。これはほとんどすべてのクイズ番組に共通する。

多くの先行研究が指摘しているように、能力を認められその見返りを得ることは、情報と知識を得ることの動機づけとして、非常に重要である。また、クイズのルールや司会者の統制に従うことは、フェアプレーの意識を植えつけるという付加的効果をもつ。さらに、知識・情報習得への動機づけとしては、クイズ問題の難易度や重要度を示すことも、かなりの効果を挙げている。最近のクイズ番組では出題の際にその問題の一般正解率を示す場合が多い（図7）。ただし、どういう人々を対象にどのようにして割り出した数字かは明らかにされないので、その妥当性に疑問を感じる場合も多いのだが、視聴者は漠然と、この問題は何パーセントの人が答えられる程度の難易度なのだと、考える。また、『熱血！平成教育学院』や『Qさま!!』といった番組では有名小中学校の入学試験の問題を出題する場合があるが、その際、その学校名を示す。視聴者は、一般正解率が高い問題やそれほどレベルが高くない小中学校の入試問題の場合、正解できないと自分の知識の不足を感じ、一般正解率が低い問題やレベルが高い小中学校の問題の場合、正解できると優越感や満足感を感じる。図8のように新聞に掲載された回数を公開することもあるが、これもまた情報の重要性や話題性が高いということをアピールして、知識をもつことを意味づけ、自己満足の意識を刺激することになる。

図7　『今すぐ使える豆知識 クイズ雑学王』テレビ朝日系列（2009年12月16日）

図8　『熱血！平成教育学院』フジテレビ系列（2010年5月9日）

3 「仮想の教室」の生成

ここまで、内容、構造と細部的要素からクイズ番組の啓蒙的側面を見てきた。さらにこの節では「コミュニケーション的特性」からクイズと啓蒙の関係を見る。

序章でも若干述べたように、ある情報をもっている者がそれをもたない者に対してクイズの形式でコミュニケーションを図るのは日常の場面でもよく見られるが、あまり繰り返すと質問される側に不快感を起こさせ、かえってコミュニケーションを阻害する恐れがある。ところが、テレビという媒体ではこのようなコミュニケーションを安定して取り続け、視聴者もあまり違和感を覚えずにそれを受け入れている。これは何を意味しているのだろうか。

その理由の一つは、視聴者が親近感を感じるような空間を、クイズ番組が設定しているからではないかと思われる。このコミュニケーション方式は明らかに一般的ではないが、違和感なく繰り返される空間を確かに我々は経験したことがある。それは、「教室」である。前述の『広辞苑』の定義にも、「教師」「テスト」などの単語があったが、クイズ番組はこうした事柄と具体的にどのような関係性をもつのだろうか。

その関係性を考察するため、ここで奥村隆が教育とコミュニケーションに関して論じるために提示した会話の例を見てみよう。

例1　A：いま何時ですか？　B：二時三十分です。　A：ありがとう。
例2　C：いま何時ですか？　D：二時三十分です。　C：はい、正解です。
例3　E（Fに対して）：この時計がさしているのは二時三十分です。[2]

奥村は、例1は答えを知らない人が問い、知っている人が答えるという自然なコミュニケーションだが、例2は答えを知っている人が知らない人に質問してどういう答えが返ってくるかを評価するという非効率的なコミュニケーション方式で、教室以外の場所でおこなわれると明らかに奇妙な質問だと言う。例3は例2と比べると効率的な情報伝達のように思われるが、学習の面では十分な効果を期待できないと述べ、例2の奇妙で非効率的なコミュニケーションは知っている人／知らない人のあいだの「教える／学ぶ」にどうしても必要なノイズだと指摘する。

しかし、教室以外の場所でおこなわれると違和感があるというこの奇妙なコミュニケーションを、我々はテレビのクイズ番組で繰り返し目撃している。クイズ番組の空間がまるで教室のように見える理由はまさにここにあり、これこそがクイズ番組の啓蒙的・教育的機能を代表する要素なのである。一方、例3はそもそもクイズを構成する最も基本的な要素である質問とそれに対するフィードバックがないため、クイズ的コミュニケーションとは違う種類のものである。知っている人が知らない人に説明をしているのだが、答えを知らない人に自分で考えさせる余地がないため、十分な学習効果を期待しにくい。特に、視聴者を番組に「参加」させたいという、クイズ番組の基本的性格にはそぐわないといえる。例2のようなコミュニケーションによって、テレビと視聴者のあいだに生成される「仮想の教室」の存在は、クイズ番組にとって非常に重要なポイントになる。

もちろん、出題に実際に答えるのは番組に出演している解答者だが、「視聴者のみなさんも一緒に考えてみてください」というセリフや、画面上に示される問題のテロップによって、視聴者もまた解答者になっているのである。

こうして、画面のなかの出題者とテレビの前の解答者が物理的な空間の制約を超え（遠く〔tele-〕、見る〔vision〕、という語源をもつTele-visionという媒体の最も根本的な存在理由でもあるように）、「仮想の教室」を作り出し、教育的コミュニケーションをおこなっているといえる。すなわち教師であるテレビが、生徒である視聴者に、知識や情報を伝達するという啓蒙・教育の効果が、クイズ番組では期待できるということである。

奥村が言うところの「知っている人・知らない人の間の「教える／学ぶ」にどうしても必要なノイズ」が、クイズ番組の「出題者／解答者」、つまり「テレビ／視聴者」のあいだに発生しているのである。

制作側が「仮想の教室」であることを意図して、セットや演出、番組の流れ自体を学校の授業になぞらえている番組もある。『熱血！平成教育学院』は先に述べたように小中学校の入試問題を中心に出題し、「一時間目：科学」「二時間目：歴史」など、各コーナーを学校の科目の時間割にすることで、意識的に教室を再現しているし（図9）、『Qさま!!』は解答者全員が制服姿で、明らかに学校をイメージさせようとしている（図10）。

図９　『熱血！平成教育学院』フジテレビ系列（2010年５月９日）

図10　『クイズプレゼンバラエティー Qさま!!』テレビ朝日系列（2010年３月１日）

以上のように、本節ではクイズ番組がもつ啓蒙・教育的側面について考えてきた。通常テレビとは結び付かない「啓蒙」「教育」という概念から見直してみると、「視聴者に抵抗感を感じさせない啓蒙的道具」という性格が、クイズ番組に備わっていることがわかる。もちろん教養番組ではないので視聴者は学習目的だけでクイズ番組を見ているわけではないし、制作者側もそれだけを意図してはいないだろう。クイズ番組にはこのほかにも多様な目的と視聴者に及ぼす影響力がある。ところで、クイズ番組の教育的機能に関してはもう一つ別の見方がある。それは、クイズ番組のこのような特性は「放送法」への対応の結果生まれたものだととらえる見方である。

> 第三条の二の二「放送事業者は、テレビジョン放送による国内放送の放送番組の編集に当たっては、特別な事業計画によるものを除くほか、教養番組又は教育番組並びに報道番組及び娯楽番組を設け、放送番組の相互の間の調和を保つようにしなければならない」（略）なお、第二条の定義によれば、「「教育番組」とは、学校教育又は社会教育のための放送の放送番組」、「「教養番組」とは、教育番組以外の放送番組であって、国民の一般的教養の向上を直接の目的とするもの」とされている。（略）〔しかし：引用者注〕各局がそれぞれ自社の主観的な判断で分類した数字が報告されてきたわけであり、分類の基準や細目も公表されていないため（略）ほとんどすべてのクイズ番組に「教育」「教養」の要素が読み込まれているはずである。だとすれば、内容において娯楽色を強めるテレビが、形式において「クイズ番組」に依存する理由は明らかだろう。[3]（傍点は原文）

教育・教養への義務は確実に存在するがその基準があいまいだという状況のなかで、クイズ番組は放送局の立場から見て都合のいい放送形態として認識されている可能性は確かに高い。また、実際これがクイズ番組の制作によって得られる付随的効果の一つになっていることはまちがいないだろう。

しかし、テレビ業界のクイズ番組への高い依存度の理由をこれだけに求めるのも、極端すぎる見方である。仮に伝統的な教育・教養番組には高い視聴率を期待することが難しいために次善の策としてクイズ番組を制作しているのだとしても、それは一概に非難するにはあたらない。視聴率はテレビ局が利益を上げるための尺度であるだけでなく、彼らが伝えたいと意図したことがどれだけ多くの人に届いたかを示してくれる尺度でもあるからである。視聴率への執着を制作者側の伝えたい気持ちの強さだと読み取ることもできる。本章で考察したようにクイズ番組がなんらかの形で啓蒙的役割を遂行していて、視聴者は学習に対する抵抗感や負担を感じずに番組を視聴しているのだとすれば、視聴率のよさはこうした啓蒙的目的の成功を意味する。この観点からはクイズ番組を、制作者と視聴者双方にとって有用な折衷案として理解することができるだろう。

以上、クイズ番組が啓蒙のため、または放送法を守るため存在する可能性について述べてきたが、いずれにせよ、これだけではテレビ業界がクイズ番組に依存する理由を説明しきれない。

なぜならば、多くのクイズ番組が放送局が最も重視しているプライムタイムに編成されているからである。放送法は教育・教養番組が全体に占める比率と調和に関する義務をうたっているが、それが放送されるべき時間帯にまでは言及していない。それにもかかわらず、クイズ番組がプライムタイムに頻繁に放送されるということは、クイズ番組が義務を果たすためにだけ制作されているのではなく、視聴者を引き付けるなんらかの力をもっていることを示唆しているのである。

注

（1）石田佐恵子／小川博司編『クイズ文化の社会学』（Sekaishiso seminar）、世界思想社、二〇〇三年、一三―一四ページ

（2）この例は奥村がヒュー・メーハン『授業を学ぶ』から一部を引用し提示した例だが、より詳しい説明と比較のため例3が追加された奥村の文を引用する（長谷正人／奥村隆編『コミュニケーションの社会学』〔有斐閣アルマ〕、有斐閣、二〇〇九年、二三三―二三四ページ）。

（3）佐藤卓己「テレビを教養のセーフティネットに！」、ＴＢＳメディア総合研究所編「調査情報」二〇〇八年七・八月号、ＴＢＳテレビ、四五―四六ページ

第2章　クイズと「娯楽」

いったいクイズ番組の何が、人を楽しませているのだろうか。テレビを見ておもしろく感じるポイントは人それぞれだし、その主観的な感覚を一般化して証明することはとても難しい。しかし、私は繰り返し多くのクイズ番組を見るなかで、クイズ番組の独自的な娯楽性に深く関係する一つの要素を発見した。それは「時間」である。「時間」は映像媒体であるテレビの流れを支配する根本的で絶対的なものであり、テレビが活字メディアと異なる重要な要素でもある。私はクイズ番組がこの「時間」をコントロールすることで視聴者に強い刺激を与えていて、これがクイズ番組の娯楽性につながっていると考えた。それでは時間とクイズがどのように関係し、それがどのような娯楽性を生み出しているのかについて述べていこう。

1　「同時刻性」と時間的体験

クイズ番組と時間の問題を考察する前提として、「いま」に近づけようとすることがテレビの媒体的特性であることを指摘しておく。草創期のテレビはすべて生中継だったことからもわかるように、「いま」を伝えようとすることはテレビの根本的な欲望であり、テレビは常に現在を伝えるか、そうではない場合は「現在化」することでなるべく視聴者にリアルタイムの同時的な体験ができるようにする。このことがクイズと結合するときテレビならではの娯楽性を生み出すのである。本章では岡本博の「同時性」と「同時刻性」という概念を参考にしながら、テレビが「いま」を表現する方法と、それによる視聴者の同時的体験、そしてそこから生成される娯楽性について述べていく。「同時性」と「同時刻性」とは何か。福田定良は岡本の考え方を次のように説明する。

同時性もしくは、即時性。「今」を軸とするマスコミ的表現形式のひとつ。岡本の場合、同時性とは、つたえられている事柄の今が、そのまま私たちの現在でもある、ということである。同時性にもとづくマスコミ的表現の好例は放送、特にテレビのスポーツ実況中継である。(1)

〔〈同時刻性〉は：引用者注〕過去の現象をも「現在進行形」で受け手の意識につたえる表現の時間性のことである。（略）ジャーナリズムが今月・今週・今日という形をとること、つまりたえざる報道・記録・表現活動を〈締切〉って、締め切ったもの（過去完了形になった内容）を、しかも「今」の名に直するものとして、大衆につたえようとする以上、おのずからうまれてく

る今の時間性であって、今月・今週・今日という形で表現される。(2)

以上の岡本の考え方をまとめると、「「同時性」は発生＝報道＝受信の三者の同時性を表し、「同時刻性」は送信＝受信の二者同時性を称するものである」(3)。前者は「本当のいま」を伝えること、後者は「過去の現在化」と理解していいだろう。両方とも「いま」に近づけようとするテレビの特性を語るときに非常に重要な概念なのだが、本章では、そのなかでも「同時刻性」とクイズ番組との関係性を考えていく。

加えて、引用で述べられている「今月・今週・今日」というさまざまな現在をより限定し、「いま、この瞬間」と感じさせる「同時刻性」の表現に着目する。「同時性」はクイズに限らず生放送・生中継がもつ特性だが、「同時刻性」はどのような手法で生み出されるのだろうか。

まず重要な要素となるのは、スタジオのコメンテーターと観客という存在である。たとえば取材映像やロケVTRを使ってできている番組の場合、VTRのなかの出来事はすでに終わった過去のものだが、その映像にスタジオの観客が反応したり、出演者がコメントを述べたりすると、視聴者は「いま」何かが起きているという感覚を強くもつ。スタジオでVTRを見ているコメンテーターや観客が、視聴者にとって二次的な「いま」の現場を作り出すのである。ただし、これは、ジャンルに関係なく現れる効果であり、クイズ番組特有のものではない。

クイズ番組特有の「同時刻性」の要因は、その演出法にある。解答時間を制限し、秒を刻む音や残り時間の表示といった視聴覚的効果で切迫感を強調し、解答者が答えを言う瞬間に独特の間をもうけて緊迫感を高めたりすることが、それである。実際、こうした演出のおかげでクイズ番組は視聴者の時間の流れの感覚を人為的にコントロールしており、それによって視聴者は、番組自体はすでに収録された過去のものであるにもかかわらず、「同時刻性」を感じているのである。以下では具体的例を挙げて、クイズ番組がどのような方法で生放送に似せた番組作りをしているか、そして、それは視聴者に対してどのような効果を及ぼしているのかについて見てみよう。

2　時間との戦いによる緊迫感の演出

「現代は時間との戦いです。さあ、あなたの心臓に挑戦します。タイム・イズ・マネー。一分間で百万円のチャンスです。はたして超人的なあなたはこの一分間をどのようにして生かすか、クイズタイムショック！」

これは、テレビ朝日系で一九六九年から十五年以上放送され現在もスペシャル番組の形で続いている『クイズタイムショック』の冒頭に入るキャッチフレーズである。『クイズタイムショック』という番組名もそうだが、このキャッチフレーズも、クイズ番組と時間の密接な関係を象徴している。『クイズタイムショック』という番組で時間が絶対的な重要性をもつことは、画面の構成からもわかる。

図11・12で画面全体を占めている楕円形の巨大な電光掲示板は、外周に十二個の点があることか

ら時計を模していることがわかる。一問の問題の解答に与えられた時間は五秒だが、ここに埋め込まれたランプの数は六十個で、出題が読み上げられると一秒に一個ずつ光が消えていく。つまり電光掲示板は、時計の役割を果たしているのである。出演者が解答席にいるあいだ、視聴者はこの画面を見ながら残り時間の一秒一秒を強く意識することになる。このクイズ番組で最も重要なのは制

図11

図12　以上、『クイズタイムショック』テレビ朝日系列（放送日不明）
（出典：「YouTube」〔2011年12月27日アクセス〕※2014年現在、閲覧不可）

限時間内に問題に正解することだという点が、これによって強調されている。

時間の経過を強調することで緊迫感を演出する方法は、ほかのクイズ番組でも頻繁に見られる。

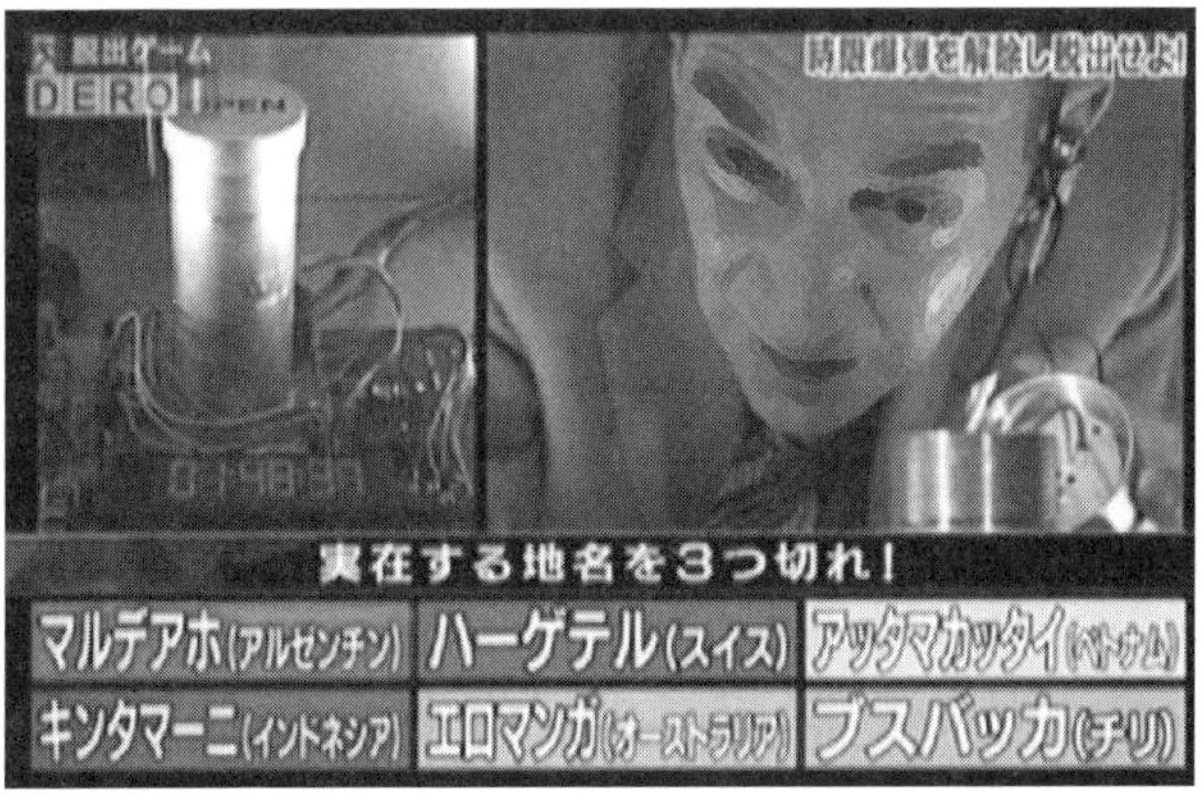

図13 『密室謎解きバラエティー 脱出ゲームＤＥＲＯ！』日本テレビ系列（2010年４月28日）

図13は『密室謎解きバラエティー 脱出ゲームDERO！』の一シーンである。ここでは時間的制約とその緊迫感を、時限爆弾という刺激的な装置を使って演出している。解答者のチームは一人ずつ、小型爆弾が仕掛けられた小さなスペースに入れられ、それぞれ一本ずつ時限爆弾につながるコードを渡される。ただし通信機で話し合いができるようになっており、出題には合議制で解答する。制限時間内に選択式クイズに正解して、爆弾解除のために正しいコードを複数切断しないと、その解答者がいるスペースに仕掛けられた小型爆弾が爆発して、その解答者がゲームから脱落させられるというルールになっている。もちろん時限爆弾の時計はそのミッションをクリアするまで止まることなく動いており、危機感を煽るような音が聴覚を刺激し続ける。残り時間が短くなり「残り時間、わずかです！」「あと二十秒！」などの声が聞こえてくると、画面のなかの解答者も、見守っている

視聴者も焦り始め、最初にはそこまで気にしていなかった一秒の存在を、タイムオーバーが近づけば近づくほど絶対的なものと感じるようになる。

次第に減っていくカウントダウンの数字、徐々に大きくなる秒針を刻む音、動揺し始めるスタジオの観客、残り時間を告げる司会者と大声で応援するほかの出演者たちといった要素に、どれが正解かと悩んでいる解答者の顔のクローズアップが加わると、視聴者はまるで自分が当事者であるかのように、そしてそれがまさに「いま」「ここで」起きているかのように感じて緊迫感を共有する。そしてついにタイムオーバーが宣言されてため息か歓声がスタジオを埋めると、結果はどうであれ視聴者はようやくその緊張感から解放されるのだ（図14）。このように、さまざまな視聴覚的演出を用いた時間の流れの強調によって緊迫感を煽られると、視聴者はこれがすでに収録されたもので、この状況はとっくに終わっているのだということを忘れ、「過去の時間を現在進行形で共有する」体験をすることになる。

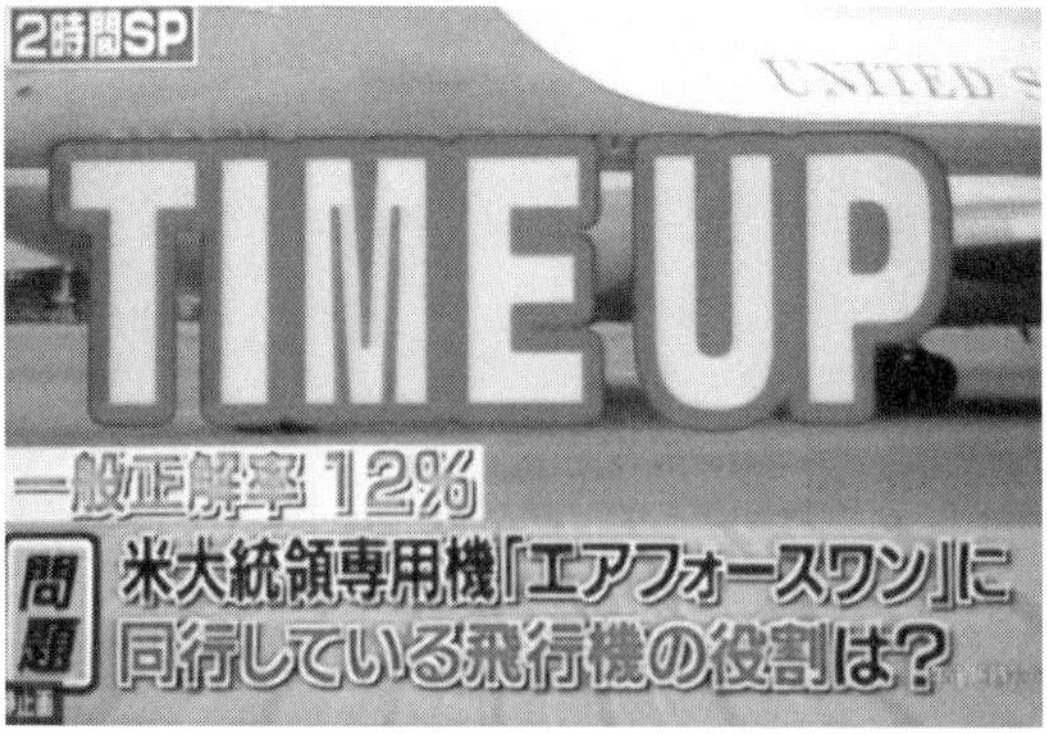

図14　『今すぐ使える豆知識　クイズ雑学王』テレビ朝日系列（2009年2月16日）

クイズの定石の一つである早押しクイズの場合には、このような時間的体験がより複合的に現れる。早押しクイズは答える機会そのものを獲得できるかどうかに時間との戦いが関わってくるのである。これに勝つには、まず解答者間の誰よりも早く問題の要旨を把握して正解を予測する能力が必要となる。早くブザーを押すことで答える権利を獲得しなければならないからだ。さらに、解答権を得た瞬間から一定の制限時間内に正解を言わなければならないので、一つの問題を当てて点数をとるには、二重の時間との戦いを勝ち抜かなければならないのである。これにより、視聴者はまるで自分も解答者と同じ緊迫した状況に置かれているような気分になり、番組に没入していく。出題と解答の繰り返しによって生まれる緊張と弛緩の連続が、クイズ番組が視聴者に提供する刺激的な体験なのである。

3　「間」の強調とサスペンス

時間がないことを強調するのと逆の演出法として、司会者が解答者と会話する際に、異常に長い「間」をとるという演出法がある。次の展開を遅らせることで視聴者をじらせるという、ある意味奇抜な手法である。問題が出題され解答者が答えるまでは速度感を強調して緊張感をかもしだす一方で、解答したあとにそれが正解か正解ではないかを確認するまでは、むしろ極端に進行速度を落とし、間をとることで、緊迫した雰囲気を演出することが多い。その代表例として日本版『クイズ$ミリオネア』を取り上げてみよう。図15から図17は、この番組のなかで司会者と解答者の間で交わされた約二分程度のやりとりの一部を切り取ったものである。

図15は解答者が「ファイナルアンサー」を宣言した瞬間で、解答者が選んだ選択肢はすでに別の色で表示されている。やりとり全体の長さは二分九秒あるが、ここまでで九秒しか経過していない。この瞬間から、それが正解かどうかが司会者から明かされるまでには、異常なまでの「間」がとられている。

その間画面には、司会者であるみのもんたの結果を一切読み取らせない表情と解答者の緊張した

図15　0：09秒

図16　0：29秒

顔のクローズアップ、そして息を凝らしている観客たちの姿が映るだけで、解答者が一瞬独り言で「なんだ、違うのか」とつぶやく以外は、緊張感をそそるトレモロの音しか流れない。そして、なんと三十秒近くもの沈黙の時間のあと、ようやくみのもんたの口から「［ミリオンドルは：引用者注］あなたのものです！」という言葉が出ると、解答者はこぶしを突き上げ、観客も歓声を上げて、長い緊張は終わりを告げる。テレビのなかでの三十秒間の沈黙は、決して短くない。そのあいだ、スタジオ内の観客はもちろん、テレビの前の視聴者もハラハラしながら、結果を見守るという体験をしたのである。テレビならではの時間のコントロールによる体験であり、これによって「同時刻性」は強烈に演出されたといえるだろう。

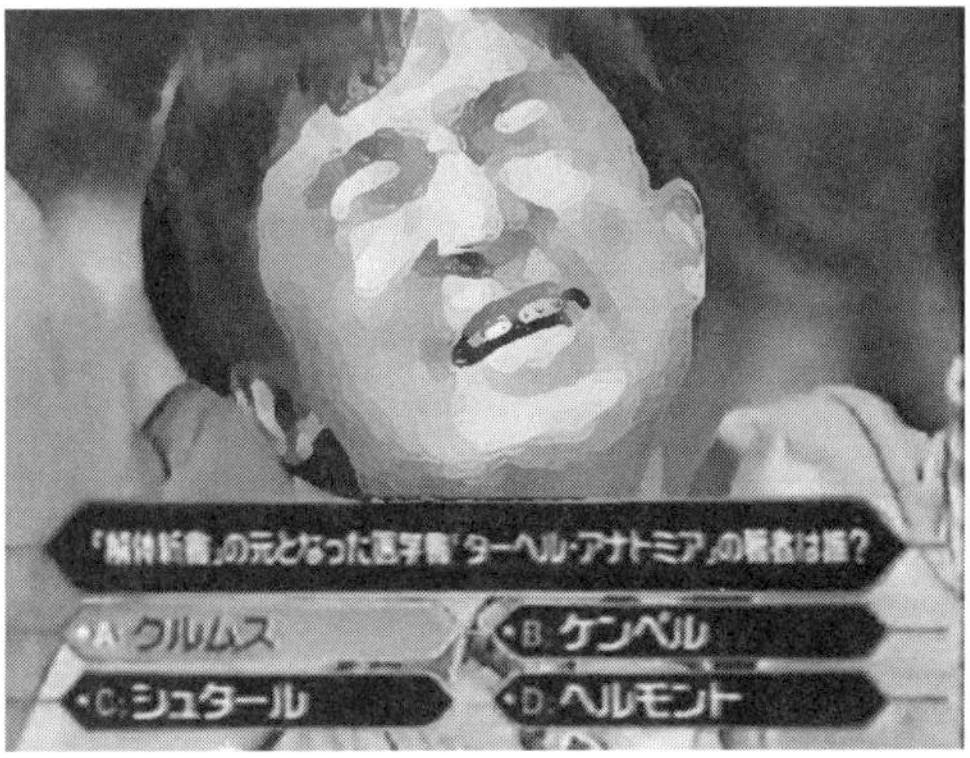

図17　0：38秒　以上、『クイズ＄ミリオネア』フジテレビ系列（2001年2月15日）

視聴者はテンポの変化から生じる緊迫感によってクイズ番組にサスペンスを感じ、まるで自分がそのゲームに参加しているかのような感覚的体験をする。クイズ番組の娯楽的要素はこれだけではないのは確かだが、時間のコントロールが「娯楽性」を生み出しているのはまちがいない。

本章では、第1章の啓蒙的側面と並ぶテレビがもつもう一つの側面を、クイズの時間的体験と娯楽性の関係を通して考察した。それによって、クイズの基本的な特性はテレビの世界でも有効であることを確認するのと同時に、テレビのクイズ番組が独自の方式で演出されていることも明らかになった。では、序章で提起したクイズ番組の定義の一つ、「見せ物化」はどうだろう。はたしてクイズによる「見せ物化」もテレビでおこなわれているのか。

結論から言うと、おこなわれている。いや、それだけでなく、ジャンルを行き来しながらほかのどの要素よりも活発におこなわれている。クイズによる「見せ物化」はその対象も形も実に多様で、視聴者を非常によく引き付けている。出演者からテレビと視聴者との会話、伝える情報そのものにいたるまで、クイズによる「見せ物化」はクイズ番組（またはクイズコーナー）のいたるところに見いだせる。次章ではまず、クイズ番組の出演者がどのように「見せ物化」されているのかを見てみよう。

注

（1）岡本博／福田定良『現代タレントロジー――あるいは〈軽卒への自由〉』法政大学出版局、一九六六年、五四〇ページ

（2）同書五三五―五三六ページ

（3）日本放送協会総合放送文化研究所放送学研究室編『放送学序説』日本放送出版協会、一九七〇年、四七三ページ

第3章　クイズと「見せ物化」

本章では、クイズ番組の出演者がどのように「見せ物化」されているか、言い換えれば、クイズ番組が出演者のパブリックイメージにどのような影響を与えているのかを考察する。クイズの出演者はフィクションであるドラマの出演者とは違い、現実の世界でそのキャラクターをあらわにしている。そのため、クイズ番組は出演者に関する「物語」を作り出すようになってしまっている。

視聴者は出演者を、知識・情報量、問題解決能力、解答の過程で垣間見える人柄といった面から特徴づけ、キャラクター化している。だが、このキャラクター化は、その過程で「見せ物化」に転化する場合がある。クイズ番組はこの「見せ物化」にどう関わっているのか。いくつかの例を通じて検討してみよう。

1　出演者のキャラクター化

テレビにはさまざまな人物が登場するが、視聴者はどのような人物に興味をもち、その人の話に耳を傾けるのだろうか。格好いい人、きれいな人といったように外見が魅力的な人にはまず視線がいくだろうし、話が上手でずっと聞いていたくなる人、あるいは自分にはない能力、新しい価値観や経験の持ち主に対しては、自然に興味をもつようになるだろう。また、漠然と親近感を覚えて好ましく思うこともある。たとえば、テレビに知り合いが出れば、視聴者は興味をもってそれを見るだろう。本当の知り合いではなくても、テレビでよく見る有名人に対して、まるで自分の知り合いのように感じることもある。テレビによく出る人に道でばったり出会い、一面識もないのに挨拶をしたり声をかけたりしてしまうのは、こういう理由からだろう。

親近感、優れた外見や話術、稀有な能力などといったものを視聴者はそのタレントのキャラクターとしてイメージしたうえで、それを基盤としてそのタレントの「物語」を理解したり共感したり反発したりするのである。

それでは、自分と同じ一般視聴者が画面上に現れた際の視聴者の反応はどうだろう。知り合いではないかぎり、初めて見る人に親近感を抱くことはできないだろうし、その人の性格・能力・経験を理解して興味をもつまでにはかなりの情報を必要とする。その人を見たのが、一般視聴者の出演が多いクイズ番組だったらどうだろうか。簡単なプロフィールの紹介ならあるが、それだけではその人のキャラクターは形成しがたい。だがその人は、たとえば正解を当てることでキャラクターを獲得していく。一般人であるにもかかわらず大量の知識をもっていれば、それは稀有な能力として認識されるからである（一般人の優れた歌唱力を鑑賞するのど自慢番組もこれに似ている）。とりわけ、漢字問題に非常に詳しい欧米人や、一見不真面目そうなのに膨大な知識をもっている若者などのように、意外性がある場合、視聴者にとってキャラクターが形成しやすいといえる。

正解するキャラクター

クイズ番組で最も形成されやすいキャラクターは、知識や情報に長けている「物知り」、または、さまざまな難関を乗り越えて、勝利を勝ち取った「英雄」である。たとえば『パネルクイズ アタック25』などに登場する、一見ごく普通の解答者について考えてみよう。最初は注目を引きにくいのだが、次々に正解を当てていくと、視聴者はその出演者から普通の人とは少し違う「優れた人」「物知り」などの印象を受けることになる。すなわち、外見的アピールがなく性格などを知らなくても、解答能力だけでキャラクターを構築していくのである。

また『クイズ$ミリオネア』のような番組では、最後の挑戦まですべて成功させたミリオネアが現れると、最初は一般参加者にすぎなかった人が、多くの難問とさまざまなプレッシャーを乗り越え目的を達成することで、一種の英雄のような存在になるのである。視聴者は、自分とあまり変わらない平凡そうな人が作り出していく現実のドラマに没入しながら、その人を応援したりその人に

図18

図19

憧れたりする。また、それが虚構ではなく、現実の出来事だということに強く感動する。

　このようにクイズ番組では、正解する能力がそのままその人の個性となり、自然にキャラクターが形成されることが多いのだが、クイズの領域やレベルなどによって、その個性がより鮮明になることもある。ここでは、視聴者参加型番組からそうした例を挙げてみよう。

　一九九一年から九三年までフジテレビ系で放送されたクイズ番組『カルトQ』は、一般に人がそれほど興味をもたないことについてマニアックな難問を出題し、にもかかわらずそれに簡単に答えてしまう一般視聴者である解答者たちが出演することで話題になった番組である。

　図18から図21はその『カルトQ』のシーンである。この回のテーマは「ファミリーレストラン」で、「すかいらーく」「ココス」「デニーズ」「ジョナサン」など数多くのファミリーレストランを幅

広く問題の素材としていた。図18は店のメニューに載っている写真の一部を見せ、どのレストランのどのメニューかを当てる問題が出されたときの様子だが、示されたのはどのレストランでもよく使われそうなアスパラガスの一部に見える画像だけである。一般視聴者には、これだけで正解を当てるのはほとんど不可能に近いように思えるのだが、問題画面が提示されると、すぐに解答ボタンのブザー音が鳴り、こともなげに正解を言う解答者が現れた（図19）。この回の優勝者となったこの人物は、次々にマニアックな問題に答えていった。

図20

図21　以上、『カルトQ』フジテレビ系列。放送日不明）
（出典：「YouTube」〔2014年5月30日最終アクセス〕）

図20の、「「ロイヤルホスト」の〝トルテ・オ・ショコラ〟と〝チーズ・トルテ〟はドイツの会社の製造技術によって作られているが、その会社の名前は何?」という問題では、問題を最後まで聞かずに解答ボタンを押し、画面にテロップで出た正解よりも詳しいフルネームで会社名を答えた(図21)。視聴者は、あまりに細かすぎて「くだらない」とさえ思えることまで知っている出演者の情報量に驚いたり、こんなどうでもいいことに関するクイズに真剣に答えて必死に勝とうとする姿に笑いを誘われたりする。解答者たちは正解すればするほど「変わり者」「オタク」などのキャラクターを獲得していく。これは、視聴者にまったくなじみのなかった人物が、非常に短い時間にキャラクターを形成していく好例である。その際、クイズが、彼の特徴を引き出してキャラクター化するうえでの重要な道具になっている。クイズ番組がほかのジャンルより視聴者の出演が容易であるのは、このようなキャラクター形成のしやすさと関連づけて考えることもできるだろう。

間違えるキャラクター

前節では、正解することで稀有な知識力や意外性が明らかになってキャラクターが確立する例を取り上げたが、本節では正解しないことでキャラクターが形成されるケースについて考えてみよう。この場合出演者は、そもそもクイズに正解することが求められていない。このようなキャラクターがあらわれるクイズ番組は、『クイズ!ヘキサゴンII』(以下、『ヘキサゴンII』と略記)である。『ヘキサゴンII』は二〇〇五年から一一年までフジテレビ系で放送され高視聴率を記録し、多くの新たなスターを輩出した人気番組だった。フジテレビが〇八年にクイズ番組の帯状編成をおこなったときにその中心となったのがこの番組である。

　この番組に出演して強い印象を残したつるの剛士、上地雄輔、スザンヌ、木下優樹菜などのタレントの共通点は、驚くほど正解を答えられないことであり、むしろ奇抜とも言える間違いを連発して、視聴者を笑わせた。たとえば図22では国際オリンピック委員会（ＩＯＣ）をＣＩＡと誤答しており、図23はミートパイ、パンプキンパイ、メインといったなじみの和製英語を英語で書いたものをとんちんかんに読んだ場面であり、図24は小学生の算数を間違えた場面である。このように、彼らを前節のように優れた情報・知識の持ち主としてキャラクター化することは不可能だし、実際、誰も彼らにそれを求めてはいなかった。彼らに求められていたのは、上手に「ボケ

図22

図23　以上、『クイズ！ヘキサゴンⅡ』（2009年12月19日）

図24 『クイズ！ヘキサゴンⅡ』（2009年11月25日）

る」ことであり、新鮮な「間違え方」を見せることだった。『ヘキサゴンⅡ』を見る視聴者が期待していたのは、彼らがいかに正解からかけ離れた答えを出すか、それに対して司会者の島田紳助がどう「ツッコむ」かだったといっても過言ではない。彼らは間違った答えをすることで一つのキャラクターを形成した。それが当時言われた「おバカキャラ」である。彼らは、クイズ番組の従来のキャラクターである英雄とは違って「うまく間違える」ことで、新しいタイプのキャラクターを形成したのである。

これは、いままでのクイズ番組で最も重要視されていたのが「結果」、すなわち正解は何かということや解答者が勝ち抜けたかどうかということだったのに対し、クイズ問題に求められることが、いかにおもしろい「過程」を作って見せられるかになった時代の、新しいキャラクターの登場を意味する。『ヘキサゴンⅡ』の「おバカキャラ」の誕生は、当時のテレビに起きていた大きな変化を象徴しているともいえる。話がやや逸れるが、これはテレビとクイズ番組の変遷と視聴者とテレビの関係という重要な問題に関わることなので、少し言及しておく。

二〇〇〇年代に入ると、ほとんどのクイズ番組はタレント解答者が中心になったが、なかでも頻繁にお笑い芸人が起用されていた。知識がありそうなイメージが比較的薄いが実際は非常に教養があるお笑い芸人を出演させ、視聴者の先入観を裏切ることで興味をそそる場合もあったのだが、一つも正解しないいばかりか最初から問題を当てる気がまったくなく「ボケ」を連発するお笑い芸人が目立つようになる。これは「おバカキャラ」とは少し違い、正解を知っていても芸人として「ウケる」ためにわざと変わった答えを言ってみたり、正解を言いながらもその根拠の説明やそれに付随するアクションなどで意図的に笑いをとっているのだが、クイズに正解することよりも、視聴者がおもしろがるポイントをつくることを重視しているという面では「おバカキャラ」に通じるところがある。このようにクイズの結果よりもその過程が重視されるようになった原因はいろいろ考えられるのだが、その一つとしていわゆる「三スクリーン時代」の到来がある。

「ながら視聴」「つまみ視聴」などは以前からあったが、通信とメディアが発達した結果、我々はテレビをつけたまま、パソコンを使い携帯をいじる時代を迎えた。とりわけ、二〇〇八年頃から急速に進んだスマートフォンの普及とSNS（ソーシャル・ネットワーク・サービス）の発達は「三スクリーン」生活を当たり前のものにした。知りたい情報をリアルタイムで検索することができるようになった現在、クイズの正解の価値は以前ほど重要ではなくなり、正解そのものだけで視聴者の注意を引くことが難しくなっている。正解の公表には興味がない、またはすでに正解を知っている視聴者を楽しませる装置が必要となった。その結果がお笑いタレント中心のクイズ番組であり、新たなキャラクターの形成だともいえる。

一九七〇年代のお笑いブーム以降、笑いのパターンの一つとして浸透した「ツッコミ」という行為は、クイズ番組のやりとりのなかにも取り入れられていった。従来、アナウンサーなどが務めていたクイズ番組の司会が、お笑い芸人・タレントに取って代わられるようになったのは、こうしたことが影響していた。司会者はクイズの進行やルールの統制という役割以外にも、解答者のおかしな間違いや「ボケ」に対し「ツッコミ」を入れて番組を盛り上げることが期待されるようになった。こうしたクイズ番組の変化は、テレビの変化、ひいては時代の変化と呼応していた。

序章でも述べたように、クイズ番組はテレビの草創期から現在にいたるまで何度も全盛期を迎えながら定番番組として存続してきたが、その形態は常に変化し続けてきた。日常的媒体であるテレビは時代に敏感に反応しながら、ほかのどんなメディアよりも絶え間なく変化と向き合ってきたといえる。テレビがこうむった変化の波のなかで、クイズ番組はどう変容してきたのだろうか。

クイズ番組の変容を語るときに軸となる基準はいくつかあるだろうが、解答者のタイプの変化はその重要な一つといえるだろう。そこには視聴者の意識の変化が端的に反映されるので、そのほかの部分の変化を考えるうえでも示唆的である。初期のクイズ番組では解答者は専門家や知識人だったが、やがて視聴者参加型になり、近年はタレント中心になってきている。このような変化については先行研究も指摘しているが、ここでは小川博司によるクイズ番組の解答者のタイプ分類を見ながら、考えてみよう。

第一の知識人解答型は、NHKの『私の秘密』に代表される、知識人が解答者となるようなクイズ番組である。テレビの草創期の一九五〇年代の半ばから六〇年代半ばまでが全盛期で、一九六〇年代末には姿を消した。第二の視聴者解答型は『アップダウンクイズ』に代表されるような、視聴者が解答者となり、知識を戦うことにより、商品や賞金を獲得する番組である。一九六〇年代はじめに現れ、七〇年代から八〇年代半ばにかけ全盛をきわめた。第三のタレント解答者は『世界、不思議発見！』に代表されるような、ドキュメンタリーふうの取材映像をもとにしたクイズにタレント解答者が答える番組である。八〇年代半ばから九〇年代にかけて全盛をきわめた。(1)

初期のクイズ番組でクイズに答える出演者は、一般視聴者から「先生」と呼ばれそうな、いわゆる「偉い人」が中心だった。知識をもつことは非常に価値あることで、知識をもつ人が優れた人になる時代だった。高等教育がまだ根づいていなかったこの時代には情報の収集経路は限られていたし、知識の探求よりも生計を営むことで手いっぱいだった人が多かっただろう。知識人の社会的地位の高さは、テレビというメディアの当時の社会的位置ともつながる。はるか遠くで起きていることが家で見られるという不思議な視聴覚媒体への驚異や、普及率の低さからくる希少性などが、テレビを「神秘的な存在」と感じさせた時代に、テレビに出演するのが知的エリートに限られたことはある意味自然だったのかもしれない。もちろん、草創期のクイズ番組すべてが知識を競う番組だったわけではないが、解答者の類型としては知識人やそれに準じる地位にある、人々の憧れの対象であるような人が多かったのは確かである。

しかし、一九六〇年代になると、教育の機会はより多くの人に広がって高学歴の人々が増え、それとともにテレビの普及も加速度的に進んだ。家で毎日のようにテレビを見るのが普通になり、テレビは当たり前のものになっていく。一般の人々のあいだに教養のある人が増えるにしたがって、知識と知識人という存在に対する意識は変わっていく。また、テレビへの親密度《アクセシビリティ》が高くなる一方、テレビをあがめる意識は弱まる。テレビ業界自身も日常的メディアとしての親近感をアピールしてさまざまな角度から視聴者との相互コミュニケーションを試みるようになった。この頃から、もっぱら見る側だった視聴者が自らテレビに出演するという大きな変化が起きるのだが、その代表的な例がクイズ番組への参加だった。

クイズ番組は、視聴者の参加を促すために、賞金や賞品を提供した。視聴者は、賞金や賞品のため、あるいはテレビに出演したいため、または自分の知識を自慢したいために、番組に参加し、互いに競い合ったり制限時間内で知識の限りを尽くしたりして、番組を見応えのあるものにしていった。テレビと視聴者のそれぞれの目的が互いに利益を与え合ったこの時代は、テレビと視聴者の関係が対等になるという変化が生じた時代だったといえる。

一九九〇年半ばまで続いたこの状況は、情報化社会とインターネットの普及によって大きな変化を迎える。知識人であれ、博学の視聴者であれ、知識を身に着けた者がクイズ番組の主役になるのがそれまでの常識だったが、インターネット（具体的にはその検索機能）が普及してくると、知識はいつでもどこでも簡単に手に入れられるようになり、その社会的位置づけが変化した。

かつては自分が知らない知識を手に入れるには、たくさんの本を調べたり詳しい人に教えてもらったりするしかなく、ほしい知識に到達するまでの距離が遠かった。しかし、ネットの検索機能はその距離を誰にとっても平等に縮めてくれることで「知」の地位を変えたのである。その結果、何かを知っているということだけで驚いたり感嘆したりすることは少なくなった。もちろん、知識が豊富な人に対する憧れがまったくなくなったわけではないが、テレビではそれだけではインパクトが弱いので違う形のおもしろさをクイズ番組に加えるしかない。そこで、形式のバリエーション、解答へいたる過程と話のおもしろさ、出演者の個人的キャラクターや人気への依存度が高くなり、タレント解答者の時代が始まるのである。特に、お笑いタレントを中心とする最近の出演者は、クイズとそれに関わるさまざまなものを「ネタ」にして、正解そのものよりずっと強い印象を残すトークを披露することも多い。その際、クイズとなんの関わりもないネタが入ってくることもままある。クイズ番組の最後に誰が一位を取るかより、最下位がどのような罰ゲームを受けて、どのように「ボケて」くれるのかに興味をもつようになる。

一方、出題の傾向も、簡単に調べられる教科書的な知識より、番組が独自に作り出した問題（ほとんどは知識よりも感覚や勘のよさを求める）や多様な説がありうる噂の真相、直接取材しないかぎり知りえない問題（特定店の経営戦略、ブランドのネーミングの由来、個人のエピソードや私有物の値段など）が主になってくる。クイズ番組で扱う素材が、「知識」から「情報」へとシフトしつつあるといえる。このような傾向は、スマートフォンが普及している時代的状況を考えるとますます加速すると予想される。

このように、解答者の変化を、知識の位相、テレビに対する視聴者の意識、環境の変化と結び付けて考えると、クイズ番組に生じている変容を読み取ることができるが、ここではそのことをクイズ番組の司会者（出題者）と解答者の関係の変化の観点から考察してみよう。

鈴木常恭の定義を引用すれば、クイズ番組で司会者は、「①情報を整理し②問題の意味づけ、正解の正当性を声高に主張する③そして批評して、視聴者に番組の正当性、無謬を主張する最前線の機関として存在しているもの」[(2)]だという。もちろん、このような基本的な役割はクイズ番組の司会者であるかぎり常に求められるだろうが、ここでは司会者と解答者の「関係」に着目してみよう。

初期のクイズ番組の司会者は番組進行者の意味合いが強かったように思われる。具体的には問題の内容について説明したり、解答者に発言を許可したり、コーナーの流れをコントロールしたりするのが主たる役割だった。しかし、視聴者参加型の番組が多くなると、一般の人々がテレビという場にとけ込めるように助ける人として、励ましたり、自分の能力を発揮できるように誘導したりするなどの番組進行以外の役割を求められるようになる。他方で、クイズの出題者として解答者と対立して緊張感を生み出すことで、番組の主役になるケースも出てくる。前述の『クイズ＄ミリオネア』のみのもんたはその代表例だろう。

解答者がタレント中心になったクイズ番組での司会者はまた違う。解答者たちは芸能人なので番組にとけ込めるように手助けする必要はなくなった。むしろ、解答者は一緒に番組を作る出演者たちなので、お笑いタレントのおもしろさを最大限に引き出すため、「ツッコミ」を入れたり、キャラクターを生かすためにクイズの内容とそのタレントの「持ちネタ」を関連づけたりしながら、一緒にショーを演出する役割を担う。これは、お笑い芸人がクイズ番組の司会者を務めるケースの増加やトークの比重の増大はもちろん、情報と会話のショー化というまた違う「見せ物化」にもつながっているといえる。

クイズが「見せ物化」するのは人物だけではない。次に、情報や話術がクイズ番組のなかでどのように「見せ物化」されているかを見てみよう。結論を先取りするなら、そもそもテレビ自体がクイズ的話法を使って視聴者の注目を引く性質をもっているが、最終的には伝達する情報そのものにも演出を施すことで、娯楽のための「見せ物」に加工してしまうのである。

2　情報の「演出」

情報が氾濫する状況のなかで、メディアは自分が発信する情報に人々が耳を傾けるようにと、さまざまな工夫を重ねる。人の感覚を刺激する情報は注目されやすいので、メディアは人々を刺激するにはどうしたらいいかと絶えず考えることになり、情報の選定だけでなく、伝達の仕方でも刺激を重視することになる。テレビはこうした傾向を強くもち、情報の中身がなんであれとにかく刺激的にすることで視聴者の興味を引こうとするが、そのことを井上宏は次のように指摘している。

実用的あるいは教育的情報を提供する場合でも、それが、単に知識として伝達されさえすればいいのではなくて、それが人目をひいて、心地よく伝わるような仕掛けを用意するのである。単純な情報を流すだけでは視聴者の興味を引き起こすことができない[3]。

「何を」伝えるかよりも、「どうやって」伝えるかが重要なのである。テレビ番組にクイズが積極的に取り入れられ多様な形で活用されているのも、このような理由からだと考えられる。クイズという形式は伝えたい情報の内容を演出するだけでなく、それを伝えるための話術としても、テレビにとって便利な道具なのである。

「話術」としてのクイズ

テレビのクイズは、まず視聴者にクイズへの参加を呼びかけて注目を集めたあと、その興味を持続させるためになんらかの刺激を与える。テレビはこうして視聴者とのコミュニケーションを試みている。各段階の目的が順調に達成されると、視聴者は有益で楽しい視聴体験をすることになるだろうし、制作者は自分が伝えたい内容を最後まで伝達することができる。しかし、どこかの段階で失敗してしまうと、視聴者はチャンネルを変えたり、違うメディアに興味を向けてしまい、コミュニケーションは遮断される。

視聴者に参加を促すために呼びかけるといってもテレビ以外にも数多くのメディアが自分の話を聞いてほしいと叫んでいるし、テレビのなかでもまたさまざまな放送局がより多くの視聴者を獲得しようと競い合っている。このような状況下で、クイズはどのように視聴者に呼びかけているのだろうか。

テレビに限らず不特定多数の注目を集めるために使う方法として「みなさんがいままで知らなか

ったことを教えますよ」とアピールするやり方がある。広告でよく見かける「世界初」「解禁」「初登場」といった単語は消費者の好奇心を刺激するが、クイズの呼びかけもこれと同じである。「世界初」の商品と聞くと、自分が知らない何かがあることに、まずは興味をもつ。人は自分が何を知っているかはわかっていても、何を知らないかはわからない。「あなたが知らない何かがここにあります」といわれると、「それはいったいなんだろう」と知りたい欲望が生じる。

もちろん好奇心を誘発して人を引き付ける手法は普遍的に用いられるものなので、クイズだけの特徴ではない。ただクイズが独特なのは、「こういうことを知っていますか？」といきなり問いかけることで、相手にその問題についての関心を自覚させようとする点である。自分が知らない新しい情報があるとき、その情報について説明されるのと、その情報を知っているかどうかと聞かれるのとでは、まったく違った心理状態に置かれる。新しい情報についての説明を聞く場合は、自分がそれを知らないということが前提としてすでに受け入れられているが、それを知っているかと質問される場合、知っていなければいけないのではないのかという自己確認と、少なくとも知っているかどうか答えなければならないという自覚が生じる。

また、クイズは出題のあとに短いながらも考える時間を設けている。テレビでは次々と何かが流れていくのが普通なのに、考えるための時間を提供するということは、それだけ集中すべき内容なのではないかというイメージを視聴者に与える。このように出題によって自覚的な好奇心を誘発し、解答の時間をつくることで問題に集中すべきだという意識を与えるという過程が、クイズの問題の数だけ繰り返される。

しかもこの点で、クイズはザッピング（Zapping視聴：リモコンで次々とチャンネルを変えながらテレビを視聴すること）に有利な特性をもっている。ドラマやドキュメンタリーなどは、途中から視聴するとわかりにくいため、すぐには集中しづらい場合がある。しかし、クイズはそもそも一つの問題に関する時間が短く、次々と新しい問題を出すので、途中から見ても集中しやすく、チャンネルを変えた視聴者がすぐ参加できる。

最近のクイズ問題は、問題そのものに正解にいたる説明やヒントが含まれていることが多いが、これが視聴者の興味を維持させる要素になっている。問題文の内容の大半が正解に関する周辺情報や豆知識で、さらに関連映像や資料なども一緒に見せることで、視聴者の関心を高めながら正解を考えさせるのである。視聴者は問題から得た情報に刺激され、自然とその問題に興味をもち、「何が正解なのか知りたい」という気持ちにさせる。『今すぐ使える豆知識 クイズ雑学王』で出題された問題を例に見てみよう。

環境問題を意識してレジ袋を使わず、エコバッグを持ち歩く人も多くなりました。そのエコバッグの多くはトートバッグです。「トート」には「運ぶ」という意味があり、口が大きく底が深いデザインのこのバッグは、一九四〇年頃アメリカで誕生し、特定の地域の庶民に大変重宝されました。その理由は、あるものを運ぶのに便利だったからなのですが、トートバッグは元々何を運ぶためのものだったでしょうか。(4)

図25

図26

この問題文の正解は「氷」なのだが、答えを求めているのは最後の一文だけである。その前の長い文章はむしろ問題のテーマであるトートバッグについての紹介・説明であり、答えを考えるための手がかりにあたる。このような要素なしにすぐに質問を投げかけられたら、トートバッグそのものに何の興味ももてないため正解を当ててみようという動機ももちにくく、したがって能動的な参加が難しい。

　このような出題方法は徐々に視聴者の興味を高め、正解がわかるかもしれないという期待と、だからこそ正解を知りたいという欲求を刺激することで、解答者の答えが公開されそれが正解かどうかの判定が出るという次の段階まで、視聴者を引き付ける役割を果たしているといえる。このような手法はとりわけ、クイズ番組が問題の出題に映像を積極的に用いるようになってからさらに目立ってきている。『日立 世界・ふしぎ発見！』の出題映像が典型的だが、問題がまるで一本の短いドキュメンタリーのようになっていて、ある国のさまざまな情報を紹介しながらそれに関連する問題を出題する方式をとっている。

　図25から図28までは、『日立 世界・ふしぎ発見！』が「マヤ」をテーマとした際の一つの問題が出題されるまでの映像だが、マヤの厄払いの慣習に関する問題の前にそれと関係があるドキュメンタリーふうの映像がかなり長く流れていた。こうした映像と解説によって「マヤ」というあまりなじみがないテーマについて視聴者に基礎情報を提供し、さまざまな関連文化を紹介することで興味を高め、「正解を当ててみたい」「もっと知りたい」という気持ちをもたらしている。映像のインパクトが強ければ強いほど視聴者の興味も引きやすくなるだろう。

秘密が演出するインパクト

　テレビの制作者はその気になれば情報をきわめてコンパクトに伝えることもできるのだが、あえてそうしないのは、高い視聴率を目指すには、核心だけを伝えるよりもさまざまな演出を施して視聴者の興味を引いたほうが効果的だとわかっているからである。特にクイズ番組は、情報を意図的に「秘密化」してから視聴者に伝えるという手法をとることで、情報の公開を「イベント化」するという演出を施している。起伏があったほうが話がおもしろくなるのと同じように、「秘密化」と「公開」というアクセントをつけることで、情報への興味を盛り上げることができるのである。こうした演出の効果は、視聴者を飽きさせないことだけでなく、わざと情報を隠すことでそこに注目を集め、知りたい気持ちを強めたところで公開することで、実際にその情報がもっている以上の重要性を感じさせ、印象を強めるというところにもある。

図27

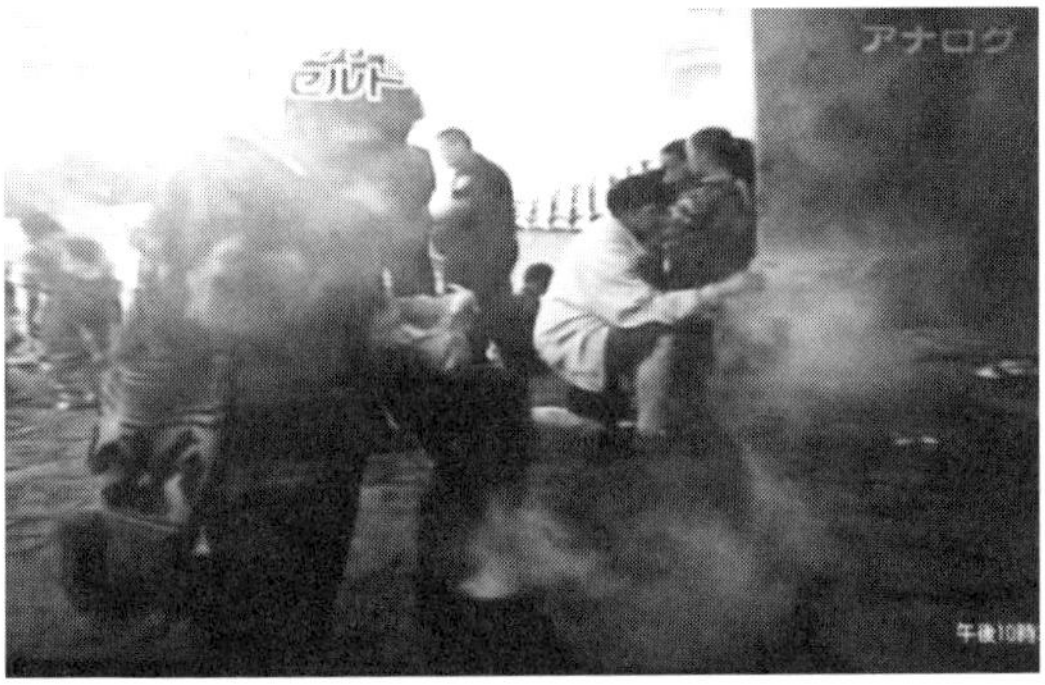

図28　以上、『日立 世界・ふしぎ発見！』ＴＢＳ系列（2009年11月14日）

　こうした情報の「秘密化」と「公開」は、活字メディアなどにはできないテレビ独特の手法といえる。テレビは、いったん情報を隠して期待度を高めたあとに公開するという時間の流れを利用した演出法をとることで、情報を起伏があるストーリーとして見せることに成功し、情報をショー化したのである。起伏とは、話に山をつくるということであり、お笑いで言う「フリ」と「落ち」と同じものだといえる。クイズという装置は、情報を分節化し、それぞれの分節のインパクトを調節することでおもしろさを生み出すことができるのである。実際、フジテレビがプライムタイムにクイズ番組の帯状編成をおこなったとき、編成部長がインタビューで語ったことを聞くと、制作側もクイズ番組のこのような機能をよく認識していたということがわかる。

やはりクイズはバラエティに向いています。バラエティ番組というとフリと落ちが大切です。そして視聴者が好むテンポは非常に早くなってきています。クイズであれば「問題」がフリになります。そして「答え」という形で明確に落ちがくる。トークでも何でもクイズ形式にするだけで番組の作り方が楽になるという側面もあります。テレビは映画と違って、どこから見てどこから出ていってしまうのか分からない媒体です。だから常に早くフリ・落ちをつくらなければいけないんです。(5)

このようにクイズは情報をおもしろく、テンポよく見せるための装置として意図的に使われていて、制作側はこのような演出で視聴者が番組に集中することを期待している。言い換えれば、素材(情報)そのものにはインパクトがない場合でも、クイズにすることでインパクトがあるように見

図29

せかけることができ、情報の価値を水増しして「見せ物化」できるということになる。実際にはあまり重要ではない情報に必要以上の注目を向けさせているという見方もでき、これに対しては批判も成り立ちうる。

さまざまな分野のそれぞれ重要度が異なる多様な情報を扱う情報番組の場合、このような傾向がはっきり見て取れることがある。非常に重要で誰もが興味をもつような社会的事象についての情報にはそれほど演出をしないのだが、比較的重要度が低く、番組内でのインパクトが弱い情報にはかなりショー的に演出している印象を受けることがある。これは、情報のなかにもショー的演出をしていい素材と、演出が目立つと違和感を与える恐れがある、より真剣に扱わなければならない素材が存在するとも解釈できる。たとえば、日本テレビの情報番組『スッキリ!!』では、ゴシップ性が強い芸能情報コーナー「エンタメまるごとクイズッス」はクイズコーナーとして構成されている（図29）。

「エンタメ」という情報の特性もあるが、図30のように軽い内容のクイズであり、このコーナーは番組全体のなかでは気楽に笑える「休み時間」のような位置づけなのだと思われる。

図30　以上、『スッキリ!!』日本テレビ系列（2010年10月8日）

いかに話題の人物だとしても、特定の芸能人の献立などを情報番組で扱うのはさすがにばかばかしい。クイズという形式にすることでこのようなどうでもいい情報でも少しでも中身があるものに見せたいという演出意図があると推測してもそれほど間違ってはいないだろう。あるいは、クイズにすることで、これは単なる娯楽コーナーなのでこの軽さを楽しんでくださいと言っているだけなのかもしれない。

ほかにも、日常生活で使える豆知識を紹介するときや料理コーナーでレシピを説明するときに「この野菜の新鮮度を長く保つ技とは」「このメニューといちばん相性がいい飲み物はなんでしょうか」などの単発クイズを入れることが多く、出演者が多い情報番組の場合は、試食などの特典をクイズの正解者に与えるなど、場を盛り上げる道具としてクイズが用いられていることもある。このようにクイズコーナーや単発クイズなど番組の一部でクイズ形式が使用されるときは、どのような情報がクイズの素材として使われているのかを分析することも、テレビのなかでのクイズの意味を把握するヒントになるだろう。

以上、クイズという形式がもつ情報を演出する機能と、その一つとしての、重要情報を「正解」として隠して一時的に「秘密化」することが生み出す効果について考えてきた。序章でクイズを、啓蒙、娯楽、見せ物化のためのコミュニケーション形式と定義したが、第1章から本章までで、その三つの要素について考察した。その際、クイズ番組のほか、情報番組・バラエティー番組などのクイズコーナーを例として、テレビのコンテンツとしてのクイズの特性と役割について分析してきた。

だが、テレビで用いられているクイズという形式は、こうしたものだけにとどまらない。むしろ、出題と解答といったわかりやすい形でクイズ的コミュニケーションをおこなっている例は、ほんの一部にすぎない。次章で取り上げる「クイズ」は、それを応用したより多様な形式だが、一見するとそれがクイズ的コミュニケーションだとは気づかれない。私自身も、最初はそれもまた「クイズ」だとは気づかなかった。だが、実際にはこのタイプの「クイズ」がテレビにはあふれているのである。

注

(1)　前掲『クイズ文化の社会学』二二ページ

(2)　前掲「テレビジョン番組研究序説」四九ページ

(3) 井上宏『テレビ文化の社会学』(Sekaishiso seminar)、世界思想社、一九八七年、二一四—二一五ページ

(4)『クイズ雑学王』番組編『今すぐ使える豆知識——クイズ雑学王』幻冬舎、二〇〇八年、一五一ページ

(5) 前掲「インタビュー〝お茶の間〟に向けたクイズの帯状編成 フジテレビ」二九ページ

第４章　遍在する「クイズ性」

テレビのなかでクイズは、クイズ番組というジャンルの境界を超えて活用され、さまざまな形で応用されつつある。

本章ではクイズ番組以外の番組、すなわち「他ジャンル」の番組で用いられているクイズの形式について論じる。テレビの多様なジャンル、ニュース、ドラマ、ドキュメンタリーなどに現れるクイズ的特性は、主にクイズの「形式」を借りているようにみえる。前章までで論じたのが、制作者も視聴者もクイズと認識しているものだとすれば、この章で検討する例は、クイズとは呼ばれていない、つまり、ほとんどの視聴者にはクイズとは認識されていないものである。だが、そのコミュニケーション形式と効果から、ほとんどクイズの特徴を読み取ることができるだろう。

1 ニュース番組の「クイズ性」

一般的に、ニュース番組[1]の意義は、「正確」な情報を「迅速」に伝えることにある。したがって、ニュース番組に「クイズ性」が存在することは、「正確」「迅速」といった番組のアイデンティティーを揺るがす可能性がある。実は、日本のニュース番組はクイズの形式を活用することで、本来あるべき特性に反するコミュニケーション方式をとっているのだ。

キーワードを隠したシール

ニュース番組がもつ「クイズ性」はさまざまな面に現れているのだが、まず、最もわかりやすくクイズの形式を応用している手法を挙げよう。それは、「めくりフリップ」を使ったニュース解説である。ニュースに関連する情報を文章や図式でわかりやすくフリップボードにまとめ、その一部をシールで隠したものを「めくりフリップ」というが、これを使って解説を進めながら、話の進行に合わせてシールを剝がして重要なポイントを示していくというやり方だ。

韓国では、このようなフリップボードの使い方は一部のバラエティー番組でしか見たことがなかったが、日本ではニュース番組でも当たり前のように使われていて、とりわけ、情報バラエティーやワイドショーと称される番組には必ずといっていいほど登場する。前章の議論をふまえれば、これはまさに、情報を一時的に「秘密化」することでそれが示されたときのインパクトを高めるというクイズの典型的な手法である。このようなやり方がいったいいつから日本のテレビに導入されたのか、はっきりはわからないが、いくつかの資料から『午後は○○おもいッきりテレビ』（日本テレビ系列、一九八七―二〇〇七年）が、この手法を効果的に用いた最初の番組ではないかと思われる。

『おもいッきりテレビ』の「特集」コーナーなどは好例である。そこでは健康ブームという共通土壌のなか、何が危険で、だからどうすべきかが、みのの話術と共に、クイズの形式を借用して物語展開される。[2]

昨日（十二月二十四日）、麻生首相が「三段ロケット」なるイラスト入りパネルを使いながら、景気対策を説明。ところが、そのやり方は、みのもんたには朝ズバッ！式のパクリに思えて仕方がないらしい。「真似しないでちょうだいと思いましたねえ」そして、いきなり「いまから二十年前……」と回想モードへ突入。「（私は）おもいッきりテレビで、パネルと（シール）めくりを使ったショウをやって、一世を風靡しました[3]」

これが事実だとすれば、日本のテレビでこの方式は約二十年前に登場し（『おもいッきりテレビ』は一九八七年にスタートし、みのもんたは八九年から司会を務めた）、次第に多くの番組で使われるようになり、現在ではニュース番組の一つの定番になったと考えられる。つまり、約二十年前からニユース番組は「クイズ性」を帯びるようになっていたということになる。

しかし、この手法を使うにはまず「めくりフリップ」を作成しなくてはならない。ニュースの関連情報を整理して図式化や文章化したものをフリップボードに書き、さらにそのうえにシールを貼るという番組スタッフの手作業を必要とし、かなりの手間がかかる。テレビに最もふさわしい映像資料が存在するはずなのに、なぜわざわざ時間と費用をかけてこのような作業をしているのだろうか。主に次のような要因が複合的に組み合わさった結果だと考えられる。

図31 『週刊こどもニュース』ＮＨＫ総合（2009年６月27日）

事件や事故の際、テレビはまずできるだけ映像取材をしようとするが、ニュースを制作するうえでほしい映像が、すべて用意できるわけではない。また、多くの取材ができていても、すべてを映像として見せられるわけではなく、ニュース番組の時間内に収めるためには簡潔でわかりやすい方法でその情報を伝える必要がある。フリップボードは、映像では見せられない情報を視聴者に伝える際、図式化などによって視覚的に示すことができるうえに、情報全体を整理して、そのニュースがどういう内容で、どういう解釈ができるのかを、短時間に簡潔に理解させることができる。

このようなフリップボードの活用の仕方がよくわかる例として、『週刊こどもニュース』(4)を参照しよう（図31）。子どものためのわかりやすいニュース番組をコンセプトに制作されたこの番組では、表と絵でニュースを解説する方法が頻繁に使われていた。政治・経済・社会問題など子どもが興味をもちにくいニュースを図式化し、やさしい用語で説明を加えながら、楽しんでニュースを理解してもらうことを目指したのである。

しかし、ニュースが十分理解できないのは、実は子どもだけではない。毎日のように新しい予測できない事件・出来事が起こるため、いまや大人にとってもニュースを完全に理解することは難しい。実際、『週刊こどもニュース』の企画者であり出演者でもあった池上彰は、二〇〇八年に大人向けにニュースを解説する番組『学べる!!ニュースショー！』(5)を立ち上げ、フリップボードを多用して高い視聴率を獲得している（図32）。その影響もあり、ほとんどの情報番組ではフリップボードを使ったニュース解説をおこなっている。

図32　『そうだったのか！池上彰の学べるニュース』テレビ朝日系列（2010年12月31日）

図33 『みのもんたの朝ズバッ！』ＴＢＳ系列（2011年11月25日）

では、フリップボードにキーワード部分を隠すシールを貼るという、クイズの正解を隠すのと同じような形式は、どのような目的で導入されているのか。制作側はこの手法にどのような効果を期待しているのだろうか。

まず第一に、番組が焦点を当てたいと思っているポイントに視聴者の目を引き付けることができる。シールで隠された部分は一度秘密化されてから公開されることで強いインパクトをもつようになり、強調された情報となる。意図的に情報に強弱をつけることでその番組としてのニュースの見方を示すことができ、ほかの番組と差別化を図るポイントになりうる（図33）。第二に、シールをめくるという行為で、視聴者に報道の「同時刻性」を感じさせることができる。シールを貼って隠すことで視聴者の好奇心を誘い、内容を完全に理解したいという欲求が高まったところで順次シールを剥がし、次第に情報を公開していくと、視聴者はいまさにそのことを知ったという感覚をもつ。たと

図34　『Ｎスタ』ＴＢＳ系列（2011年８月４日）

えばニュースの当事者たちの会話や出来事の流れが、シールをめくるたびごとに順次明らかになっていくといった場合などに、この「同時刻性」は高い効果を上げる。また、フリップ上に疑問文を挙げ、それに対する答えをシールで隠しておくやり方などは、まさにクイズの手法であり、視聴者はその疑問文または疑問符が自分に対する出題であるように感じて、熱心に解説を聞くことが期待できる（図34）。ニュース番組の「めくりフリップ」は、一見クイズとはまったく違うものに見えるし、実際クイズではなくクイズの手法を応用しているだけなのだが、一方ではクイズの「演出」を意識的に取り入れて報道していることもまちがいない。

キーワードを隠しているシールをめくるというこの演出法は、新聞記事をそのままニュースとして紹介するときにも使われている（図35・36）。重要事件の記事を各紙ごとに並べて比較したり、特定の記事を拡大して紹介したりしながらコメンテーターに意見を求めるというシチュエーションは、いまの日本のテレビではよく見かける場面である。

この例が興味深いのは、映像や音で視聴者にアピールできるテレビが、わざわざ活字メディアのコンテンツを使うという形式をとっていることにある。たとえば特定の新聞の報道手法や内容を批判するような場合を除けば、活字をそのままニュースとして見せることは、普遍的なテレビの伝え方には見えない。自己の長所を最大限に生かし、ほかの媒体との差別化を図ることがマルチメディア時代の生き残りの原則だとすれば、これはそれに反する行為ともいえる。しかし、実は新聞紙面はそのまま映し出されているのではなく、重要だと思われる個所には傍線が引かれ、さらに重要と思われる個所は、ここでもシールで隠されている。記事を紹介する際、傍線部分に視聴者の注目を集めて内容を要約し、視聴者への問いかけを交えながらその答えにあたることが書かれている部分のシールを剝がす。これを繰り返すことで、時間の流れと動きが生まれ、単なる新聞記事の紹介でしかなかった行為が、非常にテレビ的なコンテンツへと生まれ変わるのである。

図35　『みのもんたの朝ズバッ！』ＴＢＳ系列（2011年11月25日）

図36 『ひるおび！』ＴＢＳ系列（2011年10月31日）

以上、ニュース番組にクイズ的手法が用いられるとき期待される効果について考えてきた。しかし、これが受容の段階で視聴者に及ぼす影響について考えてみると、否定的側面についても考えなくてはならない。これが乱用・誤用されると、情報そのもの、ひいては、テレビというメディアそのものに対する信頼度を低くする可能性もあるからである。

図37と図38は、このような「クイズ性」が過度に使われたときの代表的例である。情報のインパクトを強め、話に緩急をつけるためにクイズ的手法を用いているはずが、まったく裏目に出てしまっている。すべての情報が秘密になっているせいで、視聴者は何が重要な情報で、どこに集中すべきかがまったくわからない状況に置かれてしまうのである。特に図37の場合は基本になるテーマの提示さえはっきりしていないため、どこからどのようにこの話題に参加すればいいのか、どの部分に好奇心をもちながら何を期待すればいいのかさえ判断できなくなっている。すべてを隠している

のはすべてを見せていることと変わらない。いやむしろ、すべてを見せていたほうが内容を知ることができるぶん、ずっとよかったといえるだろう。

また、情報の価値や本質を操作してしまう危険があることも問題点として挙げられる。先に述べたように特定の部分を隠すと、ほかと比べてその部分に集中が集まり、情報の重要度が高く見える

図37　『ひるおび！』ＴＢＳ系列（2011年３月１日）

図38　『情報ライブ ミヤネ屋』日本テレビ系列（2011年８月12日）

効果がある。これは言い換えれば、クイズ的演出をすることで意図的に情報の価値を変えられるということになる。最悪の場合、重要な情報から人の目をそらさせたり、実際には核心ではない内容に関心を向けさせたりすることもできるといえる。

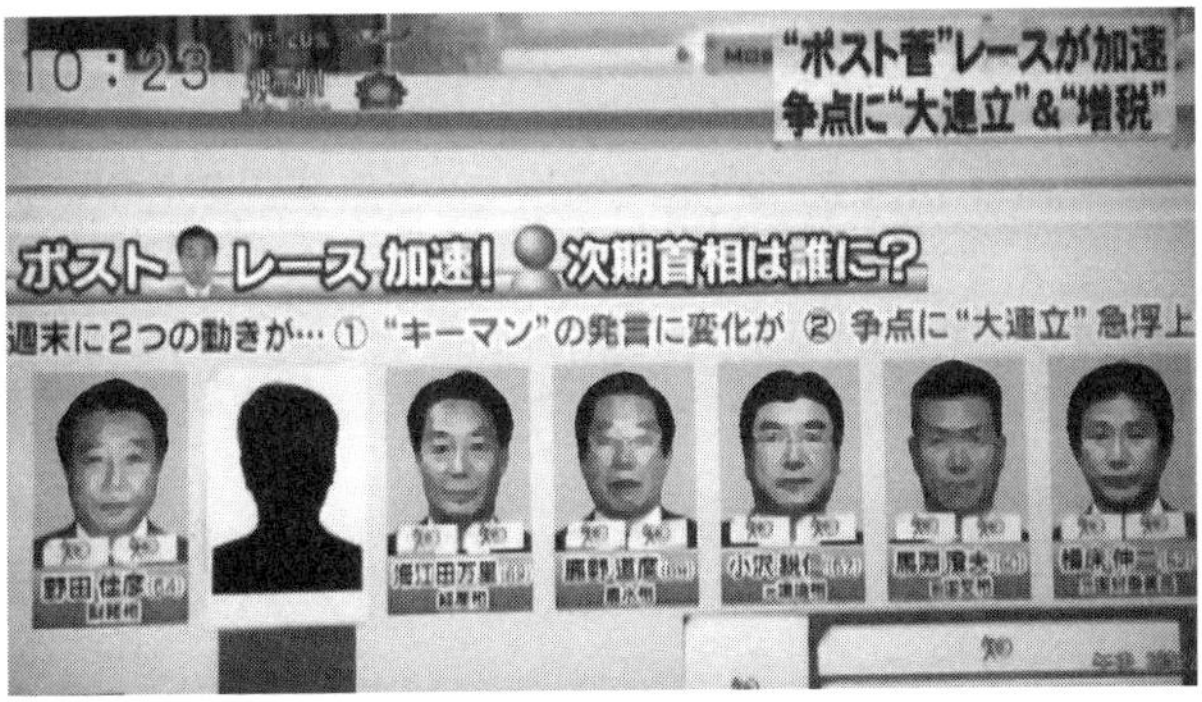

図39

　クイズには必ず「正解」が存在する。実際はクイズではないとしても、クイズ的な形式をとることによって視聴者がニュースにも「正解」が存在するはずだと感じるとしたら、非常に危険なことである。実際には真実ではないかもしれない情報、または主観的な見解や特定のイデオロギーが入っている情報でもクイズ的演出をほどこせば、受け手はそれをまるでクイズの正解のように真実として受け取る恐れがあるのだ。問題によっては、これは非常に悪影響を及ぼす。もちろん、視聴者個々人の情報理解力や批判的思考能力によってその影響力には差があるだろうが、対立する意見がある問題や、情報の集積が十分ではない事象を扱うときにこのような形式が誤用・悪用されると、さまざまな問題が生じうる。

　図39は、民主党代表選挙直前のニュースでの「フリップボード」である。特定の人物をキーマンとして隠しておいたり、各候補の写真の下に小さいシールを貼って「大連立」「増税」な

どに対する立場を○×などの記号で単純化して示している。図40も同じテーマを扱っているが「〔解決の手段を：引用者注〕唯一もっているのが……」などの強い言い方でシールに隠れていた特定の人物を公開している。こうした報道が何を意図しているのかについては多様な解釈がありうるとしても、少なくともこのような手法には誤用・悪用の可能性があるということだけは十分に示されているように見える。

最後に、情報の「見せ物化」によって災害や犯罪などの事件が娯楽として消費されてしまう問題についても考える必要があるのだが、実際には深刻で非常に重要な問題をはらむ情報に、クイズの手法が乱用されると、クイズの特性によって、そう意図していなくても内容をイベント化・ショー化してしまい、視聴者がその深刻さを見逃してしまう危険性も看過してはいけない。このように、ニュース番組のなかの「クイズ性」は肯定的・否定的影響の両方の可能性をもっているように見える。

乱用や誤用がされると憂慮すべき悪影響が起きてしまう危険があるが、ニュースに対する興味をそそり、知るべき情報への関心を高められること、わかりやすく理解させることなど、報道のなか

図40　以上、『知りたがり！』フジテレビ系列（2011年８月16日）

でクイズ的手法が肯定的な役割を果たしていることも明らかである。ニュースに「クイズ性」が必要か否かを問うよりは、正しい使い方や応用の程度の調整について工夫が必要だと思われる。

スポーツニュースの「クイズ性」

「めくりフリップ」の使い方などに現れるニュース番組の「クイズ性」について考察したが、次に録画映像の使い方に現れる「クイズ性」について考えてみよう。そのために対象とするのは、スポーツニュースの試合結果の見せ方である。生活に直接影響を与える事件・事故や経済・社会的話題などと比べると、スポーツニュースは娯楽的要素が強いので、情報の重要度がやや低いと思われるかもしれないが、スポーツはニュースのメインカテゴリーの一つであり、視聴者の注目度も高いので分析する意味は大きい。

一般的に、スポーツで最も価値がある情報は試合の結果である。しかし、日本のスポーツニュースは最も重要なこの情報を、すでに結果は出ているにもかかわらず、最初には決して告げず試合の経過を順を追って説明してから最後に伝えるというやり方をとるが、これもクイズ的手法のバリエーションといえる。韓国でもスポーツ関連ニュースが連日放送されているが、ほとんどの場合、まず試合の結果を伝えてからハイライトシーンを流すという形式をとる。そのため、スポーツニュースは試合結果がわかる最初の部分だけ見て、あとはほとんど見ないという人も多い。特に興味がある試合ではないかぎり、結果以外の情報はいわば補足にすぎないからである。図41・42は韓国のスポーツニュースの最初の部分である。図41はプロ野球のニュースで、「ネクセン、ＬＧに勝ち七連

図41　『スポーツタイム』（스포츠타임）KBS（2012年５月23日）

図42　『ニュースデスク』（뉴스데스크）MBC（2011年10月７日）

勝」というテロップも出ており、アナウンサーもまず結果を先に伝えている。図42のサッカーのニュースも「残念な引き分け」というテロップとともに結果を伝えるところから始めている。

これとは対照的に日本のスポーツニュースは、すでに終了した試合でも、始まりから順にハイライトシーンの録画映像を見せながら試合の経過を説明し、最後に結果を伝えるという形式をとるため、結果を知りたいだけのときでも、ニュースを最後まで見なければならないことが多い。これは前に論じたテレビの「同時刻性」やここでこれから述べる「スポーツのライブ性」という性質を考慮すると、非常に興味深い形式である。

スポーツを見ることが好きな人がとりつかれている、スポーツの魅力の核心は、それがライブであるということのうちにあるだろう。いま―ここで、ただ一回限りの何かが起きている、その時間と空間を共有するということになって、「何か大切なもの」をリアルなものとして感じるということ。（略）しかしニュース番組の中のスポーツコーナーは、その「ライブ」という、スポーツに独自の魅力を備えてはいない。もちろん、それは「昨日の」ではなく、「今日の」スポーツニュースであって、「今日」にしか盛ることができないという意味での「ライブ性」、時間の同時性を持っているけれども、ニュースとして伝えられる「楽しみな」スポーツそれ自体は、既に終わってしまったことなのである。[6]

スポーツの魅力はそのライブ性にあるというこの指摘と、できるだけ「いま」に近づこうとするテレビの特性を考慮すると、日本のスポーツニュースのこの形式は、情報とメディアの本質をよく理解してその長所を生かした賢いやり方とも考えられる。韓国のように先に結果を知ってからハイ

図43

ライトシーンを見ても、すでに終わった出来事であることを認めたうえでその確認をしているだけでしかない。これに対し、試合の経過の説明を聞きながら順にハイライトシーンを見ていき、最後に結果を知るという日本の報じ方は、スポーツのライブ性をできるだけそこなわないようにすることでスポーツ本来の楽しさを保とうとするやり方とも言えるだろう。

図43と図44は日本のプロ野球のニュースの例である。このニュースは「オリックスが六連勝を達成したか」という質問とともに始まり、画面にもそれがテロップとして提示されている(図43)。まずゼロ対ゼロの状態から録画映像が始まり、試合経過を見せて、最後に結果を知らせて

いる（図44）。同様に野球チームの連勝を扱った先の図41の韓国のニュースとはまったく違うことがわかるだろう。

図44　以上、『NEWS ZERO』日本テレビ系列（2011年８月13日）

図45　『サンデースポーツ』ＮＨＫ総合（2011年５月１日）

図46　『FNNスーパーニュース』フジテレビ系列（2011年9月1日）

図45は選手の記録達成の成否がニュースのテーマで、結果を問いかけるテロップとともにその日の彼の打席を編集録画で順番に見せる。この日は新記録を達成することはなかったが、視聴者は最後まで、記録更新の瞬間が見られることを期待しながらこの映像を見たことだろう。

図46は、この場合は速報だったにもかかわらずやはり同じ手法でニュースを伝えている。

このように、すでに終わった試合のダイジェスト録画を、試合結果を伝える前に見せることで、あたかもまだ結果が出ていない試合を見ているかのような感覚にさせるのは、視聴者が映像を見るシチュエーションをコントロールすることで「同時刻性」を演出するという、クイズ番組特有の手法の応用だといえるだろう。

以上、ニュース番組での「クイズ性」を考えてきた。一時的「秘密化」のあとの開示による情報の強調や、質問形式による視聴者の興味の喚起、「同時刻性」の演出や情報そのものの見せ物化など、クイズ番組が用いている手法が、ニュースを報じる番組にも浸透していることがよくわかった。

ニュース番組が「クイズ性」をもっているということは、「テレビでニュースを知る」とはどういうことかについて考えるうえで一つの切り口となる。つまり、我々がここでテレビニュースに求めていることは、真実の究明や的確な分析、正確性や迅速さとはやや異なる何かだと思われる。しかし、それが視聴者のニーズの反映なのか、あるいはずっとこのような形式のテレビニュースを見てきたせいでそれに慣れてしまったのかは、わからない。だがいずれにせよ、我々がいま、テレビニュースをどう見ているかを考えるヒントにはなるだろう。実際に、メディアの印象・評価調査の結果資料(7)（表2）は、このような解釈が推測ではないと裏づけている。

公共放送であるNHKだけは情報の正確度と信頼度について高い評価を得ているが、それ以外の民放各社については、親しみ、楽しみ、わかりやすさ、手軽さといったイメージばかりである。これは、情報と関係する多様な機能を期待されている新聞・インターネットなどとは対照的な印象だといっていい。

本節で分析したニュース番組の「クイズ性」とこの調査結果を合わせて考えると、視聴者が「テレビニュース」にどのような視線を向けているかが見えてくる。おそらく視聴者は、専門的で洞察力がある情報分析よりは人と話題を共有して会話の種にできるような知識や情報を与えてくれ、手軽に視聴でき、なじみがないニュースもわかりやすく説明してくれることを、テレビニュースに期待しているのだろう。

テレビはニュースに対する興味をもつきっかけを提供し、その興味を持続させ、ニュースの見方を模倣できるようなソースを提供している。このことをふまえると、民放のテレビニュースに限って言えば迅速で正確な情報源であることよりも、親近感やアクセシビリティーをアピールすること

表2　メディアの印象・評価（複数回答）（n＝3,443）

	テレビ(民放)	テレビ(NHK)	ラジオ	新聞	雑誌	インターネット
親しみやすい	67.0	21.6	31.8	31.3	32.1	20.9
楽しい	65.5	14.7	23.0	11.3	31.9	26.7
気軽に見聞きできる	52.8	31.5	30.8	42.3	22.0	29.9
社会に対する影響力がある	46.7	46.7	14.3	53.4	15.4	29.9
分かりやすい	40.8	27.9	13.9	28.0	18.6	17.1
お金があまりかからない	39.0	17.6	35.6	26.6	5.8	13.8
情報源として欠かせない	38.5	35.4	16.0	53.6	12.5	31.3
情報が速い	36.1	38.8	21.3	16.8	3.6	46.6
日常生活に役立つ	35.8	28.7	15.1	44.0	18.2	31.2
多種多様の情報を知ることができる	32.1	20.3	11.1	34.9	18.6	47.0
情報量が多い	29.1	21.3	8.5	38.9	14.5	49.9
世の中の動きを幅広くとらえている	28.2	27.5	9.7	43.3	9.6	21.4
読んだ･見た･聞いたことが記憶に残る	25.9	21.3	10.5	42.0	20.1	13.0
社会の一員としてこのメディアに触れていることは大切だ	23.9	27.9	12.1	47.0	8.2	23.0
時代を先取りしている	22.9	10.0	4.5	9.0	16.8	43.2
地域や地もとのことがよく分かる	19.5	15.1	12.4	52.1	3.2	11.4
物事の全体情を把握することができる	18.1	21.6	5.1	35.5	6.2	11.2
情報が詳しい	17.0	26.6	6.2	35.9	12.9	27.0
情報が正確	13.6	43.8	11.7	42.8	4.3	12.8
教養を高めるのに役立つ	12.6	37.2	9.0	44.9	15.8	19.9
仕事に役立つ	12.4	15.2	7.2	34.2	10.0	31.3
情報が整理されている	11.7	28.8	6.7	39.6	10.3	14.5
情報内容が信頼できる	11.0	39.8	8.6	38.1	3.3	6.3
プライバシーに配慮している	8.4	26.1	6.9	20.7	2.6	3.7
社会的弱者に配慮している	7.7	23.5	8.0	16.8	1.9	2.2
専門的である	6.8	23.9	4.5	19.7	20.6	26.9
中立・公正である	6.5	33.1	5.4	21.8	2.0	3.7
知的である	6.4	39.6	6.7	50.7	7.4	13.8
イメージがわかない・評価できない	3.6	7.8	20.1	3.4	17.3	17.4
無回答	2.7	4.4	10.4	2.2	9.8	8.9

※アミをかけているのは、各項目のうち第１位のメディア

で、基本的で実用的な情報をわかりやすく伝え、その情報が幅広く共有されるようにすることに、その存在意義があるのかもしれない。

2 ランキング番組の「クイズ性」

ニュース番組では、意図的に用いられた演出方法によって「クイズ性」が生み出されたとすれば、本節では、クイズ番組ではないが、ジャンルの特性上、必然的に「クイズ性」をもつ放送形態を見ていく。それは、特定テーマにおける順位がそのまま番組の中心内容になるランキング番組である。テレビのランキング番組ですぐ思い浮かぶのは、おそらく音楽ランキング番組だろう。『MUSIC STATION』[8]『COUNT DOWN TV』[9]（図47）など、長年続いている音楽番組があるのだが、最近、音楽以外の分野のコンテンツを用いたランキング番組もさまざまな形で放送されている。

番組表の分類によると、ランキング番組はすべてバラエティー番組として分類されているのだが、バラエティーはきわめて範囲が広く、境界があいまいなため、本書では混乱を避けるために「ランキング番組」を一つのジャンルとして扱うことにする。[10] ランキング番組は、ランキングが情報素材である番組をさす。音楽ランキング番組はもちろんのこと、二〇一一年の時点では、『もしものシミュレーションバラエティー　お試しかっ！』『お願い！ランキング』、『SmaSTATION!!』（図48）などが代表的な例である。[11] ランキング番組の「クイズ性」は、情報素材そのものがもつ性質とテレ

図47　『COUNT DOWN TV』ＴＢＳ系列（2010年９月26日）

図48　『SmaSTATION!!』テレビ朝日系列（2011年５月28日）

ビの特性が組み合わさることから生まれる。ランキングの紹介は、必然的に番組に「流れ」を生む。時間を重要な要素とするテレビは、まさにランキングのこの特徴を利用して消費していると考えられる。活字メディアではランキングは、リスト化すれば一目で全体を理解させられる要約的な情報なのだが、テレビではそれとは正反対なのである。「要約」ではなく「拡張」であり、「一目」でわかるように伝えるのではなく「段階的」に伝えるものだからである。新聞なら一分で伝えられる内容をテレビは一時間近い放送時間を使って伝える。これはまた、情報をただ伝達するのではなく、その過程を見せることで視聴者を楽しませようとするテレビの特性の現れとも理解できる。

図49

ランキングの紹介は情報全体の一部を隠したうえで徐々に開示する一時的な「秘密化」と同じなので、ニュース番組でフリップボードのシールがめくられていくのと同様の効果を上げることができる。ランキングをどのような順序で開示するかによっても「クイズ性」は多様化するが、下位順位から公開する場合と、ランダムに公開する場合の二つに大きく分けることができる。ほとんどの音楽ランキング番組や『お願い!ランキング』『SmaSTATION!!』などは前者だが、このような場合上位にいくほどより

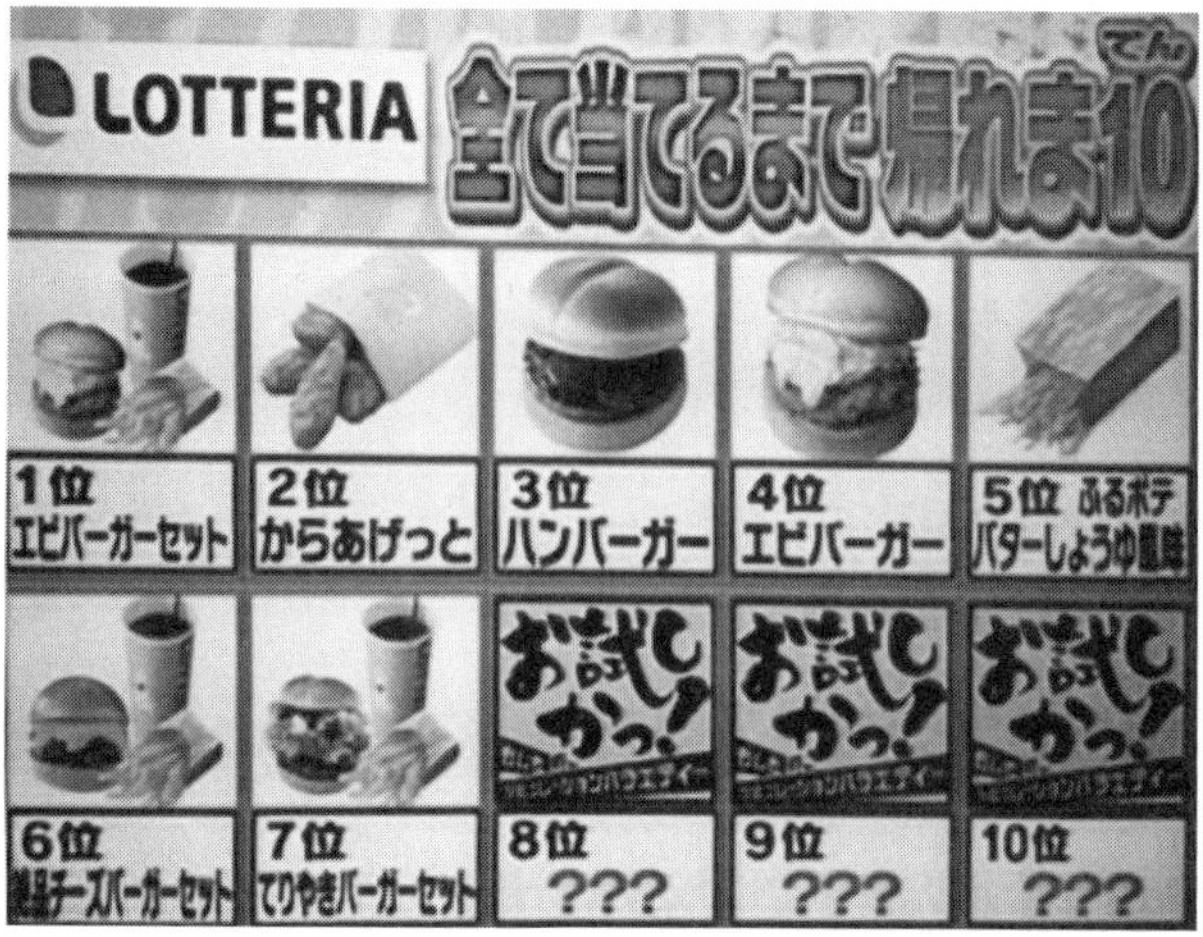

図50　以上、『もしものシミュレーションバラエティー お試しかっ！』テレビ朝日系列（2011年10月11日）

重要な情報だという認識があるため、順位が上がるにつれ期待感が高まり、視聴者をどんどん引き付けるという効果をもつ。

一方後者は、「何がランキングに入っているのか」「何位には何が入っているか」など、ランキングをクイズにする場合によく使われる。ランキング自体がもつ「クイズ性」がこのパターンを生み出していると思われるが、例を挙げて見てみよう。『もしものシミュレーションバラエティー　お試しかっ！』は特定ブランドやチェーン店などを指定して売り上げ上位十位のメニューを当てるというクイズ形式をとる（図49・50）。飲食店の場合、出演者たちがすべてのメニューのなかから売り上げ十位以内に入っていると予想される食べ物を注文して試食したあと、それが正解かどうかが明らかになる方式でランキングを公開している。したがって、ランキングの発表はランダムになる。もし一回もミスすることなく十位以内のメニューすべてを当てると賞金を獲得できるのだが、逆に十位以内のメニューをすべて正解できないうちはメニューを食べ続けなければならず、徹夜になろうとも家に帰れないのが、この番組のルールである。そのため出演者たちは満腹でも正解を当てるまで食べ続け、十時間以上も収録をするといったこともしばしばである。

売り上げ十位以内のメニューは何かという質問と、それに答えることでランキングが明かされていくというこの番組の形態は、クイズ番組とは分類されていないが、正解を当てることで報酬を得たり、当てられないと罰ゲームを受けたりする面まで含め、典型的なクイズ形式になっているといえる。ランキング番組では先に明らかになった順位が、クイズ問題の場合の背景知識の提供と同じ役割をしているとも見られる。上位十位を番組の中心的な情報素材としたとき、参考として提示される下位順位や徐々に公開される各順位の内容を見ることで、ランキングの特性と方向性を把握し、まだわかっていない部分を予想するためのヒントを得る。これによって、視聴者も順位に対する好奇心をもつと同時に、予測をして一緒に視聴している人とそれを話し合ったりと、視聴体験の幅を広げることもできるだろう。

また、ランキング番組は主に「人気〇〇ベスト10！」「話題の〇〇ベスト５」のようなテーマを掲げているので、「人々がいちばん大事に思っているもの」「最も評価されている製品」「多くの人が選んだもの」という印象を与え、貴重な情報が紹介されるということがアピールされる。このため、ランキング番組に限らず、多様なジャンルやさまざまなコーナーで、ランキングはよく活用されている。

3 ワンテーマのクイズで展開する番組

ランキング番組と同じように、番組表ではバラエティーとして分類されているもののなかには、そのメインコーナーの形式が強い「クイズ性」をもつ番組もある。直接的にそれをクイズとうたったり、画面テロップで問題が示されたりはしないが、形式と演出を考えてみれば、番組全体が一つのクイズを解く過程になっているような番組がある。十数年前にスタートし、いまもプライムタイムに放送されている「新・食わず嫌い王決定戦」(以下、「食わず嫌い」と略記)、「グルメチキンレース・ゴチになります!」(以下、「ゴチになります!」と略記)がその好例である。

まず、「食わず嫌い」は、フジテレビ系列で放送されている『とんねるずのみなさんのおかげでした』のなかの一コーナーで、一九九五年から現在まで続いている(一九九七年、番組名が『とんねるずのみなさんのおかげです』から『とんねるずのみなさんのおかげでした』に変更されたことにつれてコーナー名も「食わず嫌い王決定戦」から「新・食わず嫌い王決定戦」に変わった)。これは二人または二チームのゲストが勝敗を競うゲームで、相手が好物だという食べ物のなかに一品だけ交ざっている苦手な食べ物を見分けるものである。各チームはそれぞれ三品の好きな食べ物と一品の苦手な食べ物をあらかじめ注文してある。そのなかから相手が指示する一品をまず食べて、次は相手にどれか一品を食べさせるという行為を交互に繰り返し、すべて食べ終わったところで、お互いに相手の嫌いな食べ物はどれかを予想し合う。コールされた品を両者同時にもう一度食べてみせ、嫌いであれば「まいりました」と宣言し、負けを認めるというルールになっている。負けたチームは司会者であるとんねるずがその場で決めた罰ゲームをしなくてはならない（図51・52参照）。「ゴチになります！」は日本テレビ系列で一九九四年から現在まで放映されている『ぐるぐるナインティナイン』のメインコーナーである。出演者全員で高級レストランで食事をするのだが、各料理の値段はメニューに書かれていない。出演者は料理の値段を予想しながら注文し、自分が食べた料理の総額が番組が決めた一人当たりの食事代になるべく近くなるようにする。最終的に、その金額の差が最も小さい人は優勝者となり、最も差が大きい人は最下位としてその日食べた全員の

図51　「新・食わず嫌い王決定戦」『とんねるずのみなさんのおかげでした』フジテレビ系列（2012年6月21日）

図52　同番組（2009年12月17日）

食事代を自腹で支払うことになる。

「食わず嫌い」も「ゴチになります！」も、グルメ、お笑い、トークといった複合的な要素で構成されているのだが、形式としては、「クイズ性」が強い。前者は苦手な食べ物、後者は料理の値段が正解にあたるが、予想の過程では、料理の紹介や試食の感想を中心に多様なトークが交わされ、

図53

図54　以上、「グルメチキンレース・ゴチになります！」『ぐるぐるナインティナイン』日本テレビ系列（2010年2月4日）

すべての食事が終わったところで正解が公開される。正解者や正解に最も近い答えを出した者が勝者になり、敗者や最下位の者が罰ゲームを受けたり、自腹を切らされるというルールも、クイズ番組と同じである。

また、正解が知らされる瞬間に緊張感を高める演出も二つの番組で共通している。とりわけ「ゴチになります！」は中間の順位を先に発表したあと、最後に残った二人のなかから最下位を発表するのだが、残りが二人になった瞬間から音響や二人の表情のクローズアップなどの効果を使って、視聴者の緊張を高める演出をする。また、発表までに長く「間」をとることで緊張を最高潮に盛り上げる。これはクイズ番組でよく見られる手法であり、両番組の「クイズ性」の高さがここからもわかる（図53・54参照）。

本章ではクイズ番組以外のジャンルで、強い「クイズ性」をもっていると思われる例について見てきた。クイズ形式の借用という視点を意識してテレビを視聴すると、このような傾向をもつ番組はここで取り上げたもの以外にも数えきれないほど存在することがわかる。テレビのなかでの「クイズ性」の広がりとそのバリエーションについてはさらに考察を進める必要がある。

注

(1) 本書では「ニュース番組」を、ニュース・情報番組、ニュース・報道番組、ワイドショーなどを含んだ総称として使う。

(2) 前掲『クイズ文化の社会学』一〇五ページ

(3)「J-CAST テレビウォッチ ワイドショー通信簿」(http://www.j-cast.com/tv/2008/12/25032818.html)[二〇一一年十二月二十二日アクセス])

(4) NHK総合テレビで一九九四年四月から二〇一〇年十二月まで放送された番組。新堀俊明「テレビニュースの検証――NHK「週刊こどもニュース」をみる」(日本大学芸術学部編「日本大学芸術学部紀要」日本大学芸術学部、二〇〇四年)などを参照。

(5) まずテレビ朝日系列で『学べる!!ニュースショー!』を立ち上げ、続いて『そうだったのか!池上彰の学べるニュース』と番組名を変更して二〇一四年現在は特番として継続されている。

(6) 伊藤守編『テレビニュースの社会学――マルチモダリティ分析の実践』世界思想社、二〇〇六年、一〇三―一〇四ページ

(7) 島崎哲彦/池田正之/米倉律編著『放送論』学文社、二〇〇九年、九ページ。日本新聞協会広告委員会広告調査部会「二〇〇五年全国メディア接触・評価調査」(「中央調査報」二〇〇六年七月号、中央調査社)を参照。

(8) 一九八六年から現在まで放送されている。テレビ朝日系列で、週間シングルランキングを中心とした生放送の番組で、ランキング入りしたアーティストが出演し、歌やトークを披露する。

(9) 一九九三年から現在までTBS系列で放送されている。シングル・アルバム・着うたなどのランキングを紹介し、アーティストのライブステージもある。

(10) 序章で述べたように、テレビのジャンル区分については明確な定義や基準がないため、本書では番組制作側自身が自己申告しているジャンルに従うことにしている。しかし、バラエティーは放送局の主観的な判断があいまいなせいばかりではなく、より根本的な理由から(「バラエティー」という言

葉の意味を考えるとこの用語が何かを分ける基準になるということ自体が不可能にみえる）ジャンルとして用いるには限界があり、かえって分析に混乱を引き起こす恐れがあるため、やむをえず別の用語を使うことにする。

(11) この三本の番組はすべてテレビ朝日系列である。二〇一二年には、テレビ朝日がより多くのランキング番組を放映していた。

第5章 自己PRへ向かう「クイズ性」

　ここまで、さまざまなジャンルの番組で用いられているクイズ的手法や形式を検証することで、「クイズ性」がジャンル横断的にテレビに遍在する要素であることを確認してきた。ところで、テレビには番組以外にもさまざまなコンテンツがある。CMや番組予告などは、番組の途中や前後に挿入されるが、その挿入のされ方自体が実はきわめて「クイズ」的である。これらは番組と相互に影響し合いながらテレビの一部を構成することで、いわばテレビそのものに「クイズ性」をもたらしている。たとえば、一本の番組が放送されるあいだに挿入されるCMは必然的に番組の展開を一時中断するのだが、そこからもある種の「クイズ性」が感じられる。それでは、実例に即して、CMがもつクイズ的効果を考察していこう。

1 CMの「クイズ性」

ＣＭの放送方式や時間分配は国ごとに異なっていて、番組のあいだに挿入されるＣＭを禁じている国もあるが、韓国もその一つである。韓国もテレビ放送を開始した当初は番組の途中にＣＭを流していたが、一九七〇年代に禁止されて以来、地上波放送では番組が始まる前か終わったあとにだけＣＭを流している。この規制の賛否をめぐる論争はいまも続いているが、過度な商業化に対する憂慮と視聴満足度の低下を恐れていままで規制が解除されることはなかった。また中国は、二〇一二年から全国のテレビ局に対して、ドラマの合間にＣＭを入れることを禁止すると一一年に発表し、違反行為が発覚した場合はその放送局を厳しく罰すると宣言した(1)。

一方、日本は放送法でＣＭを禁止しているＮＨＫを除けば、民間放送局は番組の途中に挿入するＣＭが全面的に許容されており、制限は番組全体の放送時間に対する比率だけである。日本民間放送連盟の放送基準によると、三十分以上の放送時間をもつ番組の場合、ＣＭ提供時間は放送時間の一〇パーセントを上限としていて、たとえば、プライムタイムの番組の場合は六十分の放送のなかで最長六分までＣＭを放送することができる(2)。

番組の途中にＣＭが挿入されると、一本の番組の一回分の内容はそれによっていくつかのブロックに分割されることになる。制作側は当然、この時間配分まで計算して番組を作るのだが、このことから「テレビのクイズ性」が生まれる。

そのことは、「一段落ＣＭ」と「山場ＣＭ」について分析すると明らかになる。これらは、榊博文を中心とした研究グループが「番組内ＣＭ提示のタイミングが視聴者の態度に及ぼす影響(3)」という論考で使った用語である。「一段落ＣＭ」とは言葉どおり番組の内容が一段落し、ある程度落ち

図55　『キカナイト』フジテレビ系列（2011年11月8日）

着いた状態でCMに入ることを意味し、「山場CM」とは視聴者の好奇心と集中力が高まった「ここぞ」という場面でCMに入ることを言う。ここで「クイズ性」との関係で注目したいのは後者の「山場CM」である。「山場CM」では、まず視聴者の好奇心を刺激し先の展開に期待感を高めたところでCMに入り、CM明けにその続きを見せる。中断した番組の続きを見るにはCMが終わるのを待たなくてはならないが、この間視聴者にとって番組の続きは一時的に「秘密化」されている。わざと情報を隠すことでそこに注目を集め、情報を開示したときの印象を強めるというクイズ的手法が、CMによる中断という時間のコントロールを利用して、応用されているのである。

期待感を高めるためCMに入る直前には刺激的な映像を流す傾向が強く、さらに「この人物の正体は一体!!」「その予想外のコメントとは?!」「○○の運命は?!」など、疑問文（あおり）のナレーションやテロップが使われることも多い。図55から図58までは実際の「山場CM」の例で、それぞれお笑い・トーク番組（図55）、ニュース番組（図56）、クイズ番組（図57・58）で「山場CM」が使われた瞬間である。

図56　『やじうまプラス』テレビ朝日系列（2010年9月21日）

それぞれにジャンルも細部の演出方法も異なるのだが、いずれも好奇心や期待感がピークになったところでCMが入ることにより、その先の内容に視聴者が興味をもつようにしている。中断するだけでも先が気になるところに、あおりのナレーションやテロップ、先の展開を暗示する気になる映像が一瞬映るなどの演出が加えられると、視聴者の興味はいっそう高まる。CMが終わるのを漠然と待つのではなく、続きを見るという目的と動機をもって、視聴者はテレビの前に座り続ける。CMによる中断があるからこそ、先の展開の一時的な「秘密化」が起き、視聴者の興味がかきたてられているといえるだろう。

たとえば図55の番組は何人ものお笑い芸人が出演してさまざまなゲームに挑戦するものだが、そのなかの一つに、その場で指定された単語を三十秒以内で観客に説明するというコーナーがある。各人の説明がわかりやすかったどうかは観客が判定するのだが、評価が最も低かった出演者が罰ゲームを受けるルールになっており、最後の結果発表の直前にはいつもCMが入る。さらにCM直前には「結果は六十秒後」といったテロップが入るので、視聴者はあと六十秒待てば結果がわかると思い、チャンネルを変えずにCM後も続けて番組を見る。ここでも、

図57　CM前

最も気になる部分を一時的に「秘密化」することで、最後の結果の発表にイベント感をもたせる手法が使われている。

図56はニュース番組の例だが、事故現場の映像が映し出され緊迫した瞬間にCMに入るが、直前に「救助隊員と男性の運命は…」という刺激的なテロップを流している。事故被害者の男性が無事に救助されたかどうかはCMのあとに明かされる。この例で注意すべきなのは、人命がかかっている事故に「クイズ性」が介入することで、事故の印象がショーアップされている点である。サスペンス調のテロップがまるでドラマの予告のような印象を生み、この事故自体を軽く受け取るようにしている。前章で述べたとおり、ニュース番組でクイズ的手法が乱用される場合に起きるマイナスの影響が実際に起きてしまっている例である。

図57・58はクイズ番組の例だが、CMによって「クイズ性」がさらに増幅している。CMに入る直前のシーンが図57、CMのあとのシーンが図58である。解答者が答えを出したあと、正解か不正解かの判定が出る直前にCMに入っている。番組に集中していた視聴者なら、CM中にもその問題

について考え続けて、自分の答えを決めたり、正解についてそばにいる人と会話をしたりすることもあるだろう。その場合、CMの時間も実は番組視聴が続いているのである（ちなみに正解は「苦渋の決断」）。

　以上、「山場CM」の例として、ここでは三つの番組を取り上げたが、当然ながらこうした例はほかにも無数に存在する。こうした演出を意識してテレビを見ると、これが非常に一般的な手法だということがよくわかる。

図58　CM後　以上、『ネプリーグ』フジテレビ系列（2010年3月29日）

　日本のテレビ全体でどの程度「山場CM」が使われているのかを知るうえで、榊らが実施した「先進各国の現在放映中のテレビ番組のCM提示タイミング調査」はきわめて参考になる。彼らはジャンル別に番組を分けてCMを分析し、そこから「山場CM」がどのような比重で用いられているのかを明らかにした。そこから、いくつかの傾向を見いだすことができる。表3は七つのジャンルの番組を分析したもので、番組別にCMを数え「山場」か「一段落」か、場面変換[4]したかで分類している。

　ここで「山場CM」と分類されたCMは、先に挙げた例（図55から図58）のように、CMに入る直前に好奇心を刺激するセリフやテロップが流れるなど、視聴者の注目を引く演出がとられたCMである。たとえばドキュメンタリー番組の『消防救命列島炎上二十四時』では「炎との壮絶な戦いが待っていた！」という表現とともにCMの直前で効果音の音量が大きくなった場合が、バラエティー番組『あいのり』では「そのときケイスケに近づく足音が！」といったテロップが流された。こうしたケースがそれぞれ「山場CM」と区分された。ドラマ『ナイトホスピタル』では患者が発作を起こしたり、病室から失踪するときなど、決定的な場面の最中に入るCMが、「山場CM」に分類された。[5] いずれも、本書で言うクイズ性が非常に強調されているケースだといえる。

表3を見ると「山場CM」が多様なジャンルで幅広く活用されていて、ニュースやドキュメンタリーでも非常に頻発に使われていることも確認できる。ニュースの場合、二十四本のCMのなかの十五本が、ドキュメンタリーの場合は十二本のなかの十一本が「山場CM」で、クイズの場合など一本を除いたすべてのCMが「山場CM」だった。

この調査では、正解を発表する前にCMが流された場合を「山場CM」と見なしているが、ここから、クイズ番組では正解を明かす前に「間」をとるという演出によって作られた時間的体験のコントロールが、番組外部に存在するCMによっても同様におこなわれていることが示唆される。しかし、「山場CM」は期待感を絶頂まで高めたまままいったん展開を停止し、決定的な情報が提供されるまで視聴者を待たせるという点で「クイズ性」をもつことは確かだが、番組を完全に中断させてしまうので、番組内で「間」をつくるよりも視聴者が違和感を覚える確率が高いというマイナス

表3　日本放映番組視聴結果（単位：回）

ジャンル	番組名	CM 数	一段落	山場	場面転換
ニュース	『ニュースステーション』	7	2	5	2
	『今日の出来事』	3	2	1	3
	『スーパーニュース』	14	5	9	7
ドキュメンタリー	『サイエンススペシャル　日本人は9人の母からうまれた!?』	6	0	6	0
	『NNN ドキュメント'02　山岳レスキュー隊　出動せよ!』	3	1	2	1
	『消防救命列島炎上 24 時』	3	0	3	0
映画（洋画）	「金曜ロードショー『ワールド・ワイド・ウェスト』」	5	5	0	5
	「ゴールデンシアター『プリティ・ウーマン』」	6	6	0	6
	「午後のロードショー『裏切りのベストセラー』」	6	6	0	6
映画（邦画）	『男はつらいよ　浪花の恋の寅次郎』	7	7	0	6
	『BROTHER』	6	6	0	6
スポーツ	「プロ野球『巨人×広島』」	15	15	0	15
	「K-1 ワールド MAX2002」	8	8	0	8
	「サッカーキリンチャレンジカップ『日本×ジャマイカ』」	3	3	0	3
ドラマ	『ナイトホスピタル』（第3話）	4	2	2	4
	『天才柳沢教授の生活』（第7話）	3	3	0	3
	『日曜劇場・おとうさん』（第8話）	3	3	0	3
バラエティー	『あいのり』	3	0	3	1
	『ガチンコ』	3	1	2	1
	『電波少年に毛が生えた』	3	0	3	0
クイズ	『クイズ＄ミリオネア』	6	0	6	0
	『クイズ!!赤恥青恥』	6	1	5	1
	『国民クイズ　常識の時間』	3	0	3	0
	合計	126	76	50	81

（出典：榊博文／今井美樹／岡田美咲／出羽かおり「番組内 CM 提示のタイミングが視聴者の態度に及ぼす影響」、真鍋一史編著『広告の文化論――その知的関心への誘い』所収、日本広告研究所、2006 年、142―143 ページ）

面がある。

実際、前述の調査とともにおこなわれた「CM提示タイミングによる精神的不愉快調査」の結果を見ると、「山場CM」の場合、約八六パーセントが不愉快と答えていて、「一段落CM」の六パーセントよりずっと抵抗感が強いことが示されている。[6]それにもかかわらず、日本の放送局が「山場CM」を挿入し続けているのはどういうことなのか。視聴者の不快感が視聴率低下につながっているなら、こうはならないだろう。制作側は、視聴者は不愉快と感じてもチャンネルは変えない、むしろ結果的には「山場CM」が「一段落CM」よりザッピングを防いでくれる、と考えていると思われる。[7]このことについては、あとでほかの国との比較をふまえたうえでもう一度論じる。

表3でもう一つ注目したい点は、「山場CM」を使っていないジャンルの特性である。この調査結果で「山場CM」をまったく使わないジャンルは映画とスポーツだが、これらジャンルの本来の目的と素材の特性がその要因だと考えられる。映画は本来テレビのために作られたコンテンツではないので、山場の位置はCMのタイミングを計算して調節されてはいない。

そもそも、映画は映画館というそれを見るだけの目的に特化した空間で、基本的には途中に休憩を挟むことなく最後まで上映し続けることになっているため、どういうタイミングであれCMを入れること自体が本来の特性に反することになる。

そう考えれば、スポーツに「山場CM」が使われていないのも当然である。スポーツの試合も、生中継の場合は特に「山場CM」を使うのは不可能だ。そのため、ほとんどの場合、試合の自然な切れ目（攻守交代やワンセットの終わりなど）にCMを流す。切れ目が少ない場合はやむをえず中継

表４　テレビ放映番組４カ国比較（日本・アメリカ・イギリス・フランス）

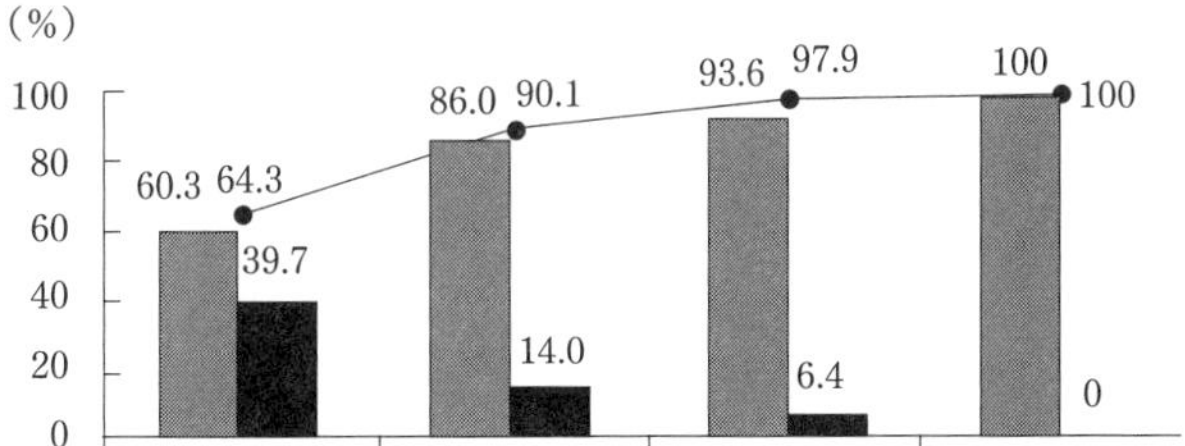

	日本放映番組	アメリカ放映番組	イギリス放映番組	フランス放映番組
一段落CM	60.3	86.0	93.6	100
ここぞ山場CM	39.7	14.0	6.4	0
場面転換	64.3	90.1	97.9	100

（出典：前掲「番組内ＣＭ提示のタイミングが視聴者の態度に及ぼす影響」148ページ）

を切ってＣＭに入るが、試合の山場でＣＭに入ることはない。野球で満塁の局面やサッカーでペナルティーキックの直前などの決定的瞬間に放送を中断することなど想像できない。むしろ、なるべく展開や勝負と関係がないポイントを探してＣＭを流すように配慮しているはずである。第４章で述べたスポーツがもつライブ性の魅力を考慮すると、スポーツ中継に「山場ＣＭ」など入れては、期待感を高めるどころか本来の目的と楽しみそのものをすべて失わせてしまうとわかっているからなのだろう。実際、同じ調査をおこなったどの国でもスポーツに「山場ＣＭ」が使われることはなかった[8]。

このように日本のテレビは、恣意的に「山場」をつくることが難しいジャンルを除いては「山場ＣＭ」を積極的に活用しているように見える。では、これは番組の間に挿入される広告方式を採用している国ならどこでも見られる傾向なのか。番組の間に広告が挟まればどの国でも「山場ＣＭ」による「クイズ性」を帯びてくるのか。

表４からわかるように、その答えはノーである。「山

場CM」がまったく見られないフランスは言うまでもなく、放送業界では商業主義が強い印象があるアメリカと比べても、日本の「山場CM」の数がアメリカの二倍以上に達するというのは非常に興味深い。また、日本の場合はほかの国と違って調査対象に邦画が含まれていることも考慮する必要がある。本章注(9)に同調査の研究方法を引用しておいたが[9]、日本だけ邦画の項目が入り、それによって「山場CM」を流しにくい映画ジャンルの本数が多くなっていた。邦画を除いて計算し直すと、その比率はさらに高くなり、「山場CM」の比率は約四四パーセントを占める。これは番組の放送の間にCMを流すことを許容していない国はもちろん、許容している国のなかでも、日本が突出して山場でCMを流すことが多いことを示している。CMによる「クイズ性」が日本のテレビの特徴であることがわかるだろう。

日本とその他の国々とのあいだにこのような違いを生み出す背景には、第一に放送制度の差があると考えられる。放送事業者の自由裁量に委ねられている日本と違い、ほかの国では番組中に入れていいCM回数の制限や、挿入個所は「自然な切れ目に限る」などといった規定が、放送法に明記され、明確な規制が敷かれている[10]。では、日本にはなぜそのような規制がないのだろうか。榊らは、その理由を日本人の国民性に求めている。欧米では不満があれば怒りをあらわにして抗議するのが普通だが、日本人はおとなしいため不満があっても抗議しないから規制が実現しないのだと、榊らは説明する[11]。前に挙げた「不愉快調査」で「山場CM」を不愉快と感じるのにチャンネルを変えることはしないという人が多かったことからも、これは説得力がある説明のようにも思える。

確かに、テレビ文化は国民性によって影響を受けるものなのかもしれない。しかし、国民性というもの自体が実体としてはっきりとらえられるのかという点には、大きな疑問がある。ひとくちに日本人の国民性といっても、現実の日本人は多種多様だ。確かに、日本には、おいしいものを食べるためなら辛抱強く並んで待つのもいとわず、ときには待つこと自体を楽しんでいる人々がいる。好きなアーティストの公演を見るために、ほかの国ではありえないような複雑な手順で相対的に高いチケットを買い、しかもアーティストへのリスペクトも忘れない質が高いオーディエンスでもあるのが日本人だ。不満があっても積極的に口には出さず、慣れてしまえばこんなものかと納得してしまう傾向があるのも確かだ。しかし、それは一面にすぎず、現実の日本人はもっと複雑で多面的だ。ましてやそれがＣＭに寛容なことの原因だとどうやって立証するのかは、はなはだ疑問である。

また、ほかの国の視聴者へのインタビューから得た発言として、「もし日本のようなＣＭの出し方をしたら、ＣＭだけでなく番組に対しても嫌悪感を持つ」「クイズ番組で正解を言う前にＣＭを出したら怒ってリモコンをテレビに投げつけるだろう」[12]といったことを挙げて、日本人の従順さの傍証としているのにも、疑問を感じる。これらの意見は、「山場ＣＭ」がない環境でテレビを見ている人々のものだが、仮に「山場ＣＭ」があるテレビを長期間にわたって見続けたあとでも、彼らがまったく意見を変えないと、本当に言いきれるのだろうか。逆に、日本人が「山場ＣＭ」を見たことがないと仮定して、突然それがあるテレビを見せられたら、やはり激しい反発を感じ、リモコンを投げつけたりするかもしれない。結局のところ、こうした点をすべて国民性の問題に帰してしまう議論には、やはり無理を感じる。

テレビは人が日常的・反復的に接する媒体であるため、ごくわずかな要因が変わるだけでも、時間とともに大きく変化していく。放送法上の許容といった制度的な条件とは無関係に、日本のテレビでは「山場CM」の導入は最初は徐々に始まり、やがて人々の違和感が薄れるにつれて深く浸透していったとも考えられる。また、本書で考察したように、「山場CM」は見方を変えれば、番組の娯楽性を高めている側面もあり、視聴者にとって肯定的な効果があることも無視できない。「山場CM」が放送環境に適応する現実的で賢い対応策なのか、視聴者に配慮しない制作側の一方的な方式なのかについてはより多角的な検証が必要だろう。過去と現在のCMの入り方のタイミングの変化や、視聴者の番組への集中度と視聴後の満足度、チャンネルを変えない理由などを調べることで、この問題を明らかにしていく必要があるだろう。

2 番組予告の「クイズ性」

本節では、放送局が番組とコンテンツを広報するために流す番組予告について考えてみたい。これらは、商業CM（広告費が発生する他企業の広告）より直接的にクイズの形式を借用している。番組予告は番組内部の映像を編集して使うことが多く、内容としては番組の一部にあたるものだが、CMのようにほかの番組の途中に挿入されるため、番組（一本の独立的なプログラム）の外部のコンテンツと見なすことができる。番組一回分を一本のプログラムとすると、次回予告は、別のコンテンツと見ることもできるだろう。

予告のなかでもクイズ的要素が最も強いのは、いわゆるバラエティー番組の予告である。これらは、本編の映像を編集し、クエスチョンマークや丸秘マークを挿入することで、クイズの形式を応用した演出をほどこしている。たとえば、「大人気俳優○○さんが出演！」という紹介とともに、ゲストの顔をクローズアップするような単純なものではなく、「大人気俳優がスタジオに登場！はたしてこの人は?!」というナレーションを添え意図的にゲストの顔を隠し、視聴者に誰がゲストなのだろうと考えさせるような予告が多い。ただ、完全に「秘密化」してしまうわけではなく、たとえば、人気の高いゲストが出演するときは、顔は見せないとしても全体のスタイルで誰なのか予想できるようにするとか、声を聞かせたりその人のトレードマークである何かを見せることで、このゲストが誰かを予測できるようにしている場合もある。せっかく人気があるゲストが出るのに、それをまったくアピールしないのは効率的ではないからである。予告に見られるクイズ的な演出はあくまでも、視聴者の興味を引き、期待感を高めることを目的とするため、それぞれのコンテンツに最もふさわしいクイズ的な演出法でその目的を達成しようとしているのである。

秘密化される対象はゲストや発言内容、番組内で起きたハプニングなど、多様である。顔を隠したり、スタジオの様子自体をモザイク処理したりする視覚的演出、発言の一部を特殊音で処理して聞こえなくする聴覚的演出など、「秘密化」の仕方もその対象によって異なる。

図59の予告はお笑い芸人の彼女がゲスト出演する点を強調しているが、最も気になる彼女の顔は丸で隠されている。図60はハプニングを秘密化しているケースで丸秘マークで画面の半分が隠されている。テロップが示されてはいるが、そのキーワードもまたクエスチョンマークになっている。

図59　『ロンドンハーツ』予告 テレビ朝日系列（2010年９月21日）

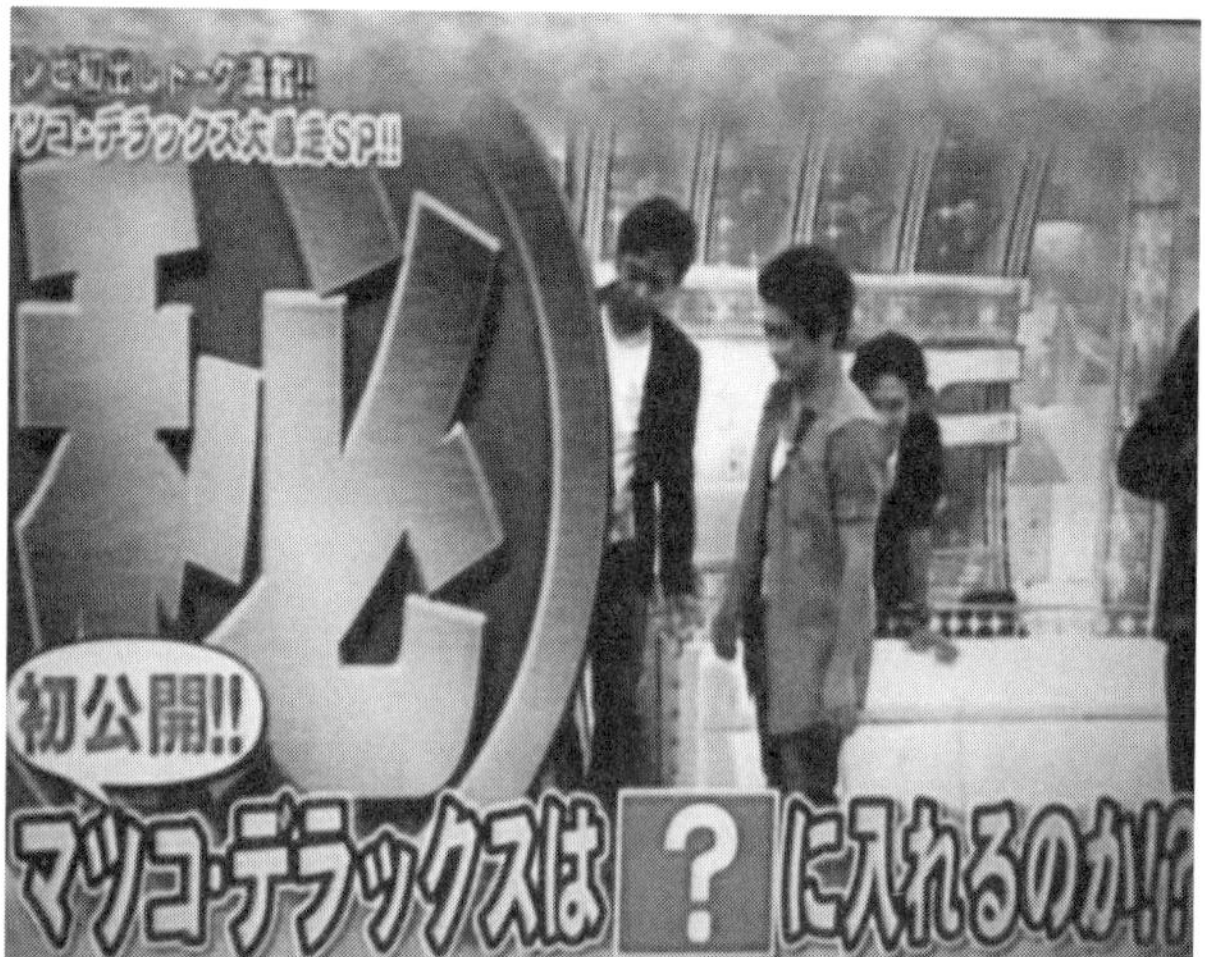

図60　『5LDK』予告 テレビ朝日系列（2010年10月14日）

「初公開」という言葉を使うことでより好奇心を刺激しようとする意図も見て取れる。

また、最近の番組予告に目立つ傾向として、観客や出演者らのリアクションを積極的に取り上げていることが挙げられる。リアクションが出た原因が何かは見せずにスタジオの観客が驚嘆している場面だけを見せるとか、おとなしいイメージの出演者が何かに感動して泣いている姿を見せるなどして、間接的に本番で起きることのインパクトの強さを予測させることが多くなっているのだ。

図61・62はそうした演出パターンの例である。図61はバラエティー番組のいわゆる「ドッキリ」企画の予告である。予告の映像では「ドッキリ」の設定の概略だけが紹介され具体的な内容はまったく見せない。その代わりに、スタジオでVTRを見る出演者の激しいリアクション、叫ぶ姿などを見せることで衝撃的ハプニングが起こることをほのめかしている。図62も本番の内容の一部を編集して流しているのだが、この瞬間どのような発言があったかは示さず、大爆笑している出演者を見せることで、何かおもしろい発言が聞けることを強調している。

図61　『その顔が見てみたい』予告 フジテレビ系列
（2011年7月30日）

　これらの場合、視聴者が予告を通じて見るのは番組の核心部分ではなく、それに対する周りの反応だけである。こうした手法は好奇心を刺激するだけでなく、視聴者に想像力をはたらかせることで、核心部分を見せるよりも強い印象を与えることさえある。また、この番組を見れば、自分も予告に出ている人たちのように、笑ったり泣くほど感動

図62　『SMAP×SMAP』予告 フジテレビ系列
（2010年４月26日）

したりできるのではないかと視聴者に期待させる効果もあるだろう。番組予告の短い映像は、このようにさまざまなクイズ的要素で埋め尽くされている。

　バラエティー番組の予告では、はっきりと何かを隠すことで興味を引く方法がよく使われているが、ドラマの予告も、カットを中心とした編集によって同じような効果をねらっている。ドラマの予告の場合、画面上で何かをはっきり隠すことはほとんどない。むしろ、インパクトが強い場面、セリフの強調、緊張感があるカットの組み合わせで視聴者に訴えかけている。

　ただ、どのような場面を重点的に見せるかは、ドラマのスタイルと物語の特性によって変わる。例として刑事ドラマと恋愛ドラマの場合を考えてみよう。刑事ドラマはサスペンスの持ち味を生かし、なるべく好奇心をそそる予告にしようとする。間を置かずにさまざまなシーンを次々と見せることで徐々に緊張感を高めて、真実が明らかになる直前のところで予告は終わる。まるで「山場ＣＭ」が入る直前のシーンを連続して見せているかのようである。犯人と真実の解明は物語の結末であり核心であるので、それがわかってしまうような予告にはしない。視聴者は推理を楽しみたいのだから、予告で犯人がわかってしまっては台無しである。ただし、犯人を予測させるような予告もあるが、実はそれ自体が視聴者に仕掛けられたトリックで、実際にドラマを見てみると、意外な犯人が用意されていたということもある。刑事ドラマの予告は、核心部分は隠すか、視聴者を意図的にミスリードするように作られているのである。

恋愛ドラマの予告はこれとは違う。恋愛ドラマでは主人公二人が結ばれるかどうかが物語の核心になる。たとえば主人公たちのキスシーンが登場する回の予告は、どうなるだろうか。キスは二人が結ばれるかどうかにとって非常に重要なシーンになるので、物語の核心をなすシーンといえる。だが、核心ならば必ず隠すとはかぎらない。むしろ意図的にキスシーンがあることを強調する予告にすることもある。恋愛ドラマの場合、視聴者は主人公に感情移入して見ている。普通は結末がわかってしまうとおもしろみが半減するのでクライマックスシーンは予告に入れないものだが、恋愛ドラマでは視聴者は主人公に自己同化していく傾向が強いため、むしろロマンチックな出来事があるとわかると、期待感が高まって必ず見てくれる可能性が大きいのだ。

そう考えると恋愛ドラマの予告は刑事ドラマのそれよりも「クイズ性」が低いように聞こえるかもしれないが、約四十五分のドラマを十五秒か三十秒の長さで予告するのだから、重要なシーンが映ったとしてもそれはほんの断片にすぎない。断片化によっても情報の「秘密化」は引き起こされるので、予告は必然的に「クイズ性」を帯びることになるのである。

ここまで、番組の外部にあるＣＭと番組予告について考えてきたのだが、実はこれらのなかには「山場ＣＭ」と番組予告のどちらかわからないケースもある。ＣＭに入る前に、ＣＭ明けに見せる

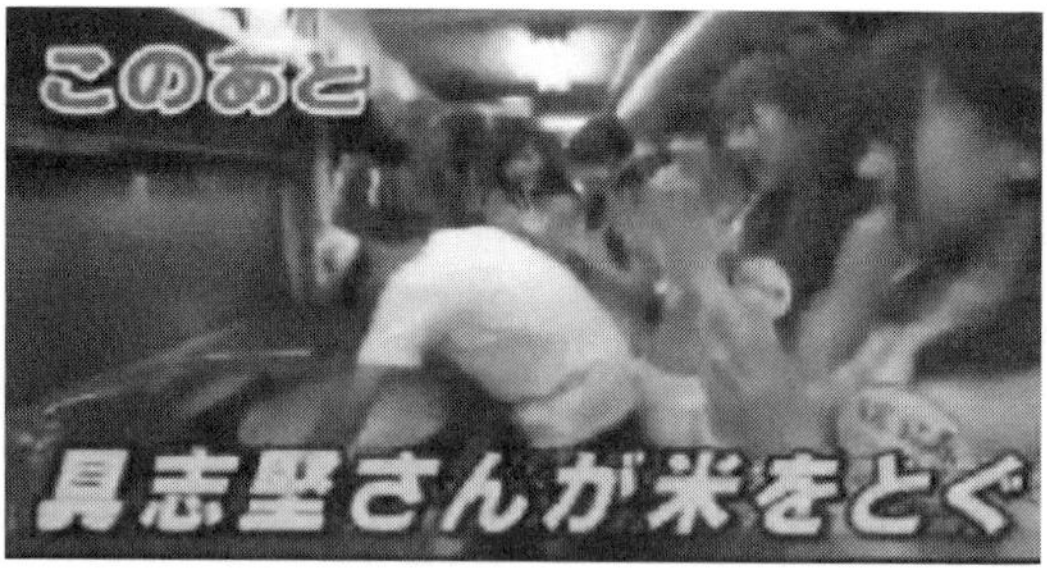

図63

内容を編集して流す映像がそれである。最近、さまざまなジャンルでこうしたやり方をよく目にするのだが、こうしたものの多くは単に視聴者の興味をつなぎとめるためだけに流されているのだが、さすがにそのやり方は視聴者の許容範囲を超えつつあるのではないかと思われるときがある。「山場CM」によって番組が中断されることに多くの視聴者が不満を抱いているという調査結果があったが、日本の放送業界の厳しい現状に鑑みるとそれもある程度しかたがない面もあるように思えるし、何よりもスポンサーCMという縛りをうまく使って視聴者の興味を高めているというプラスの面も、「山場CM」には確かにある。しかし、問題はそうして高めた視聴者の興味に、テレビが責任をもって応えているのかどうかということなのである。

その意味で、こうした「山場CM」なのか予告なのかわからないコンテンツは、視聴者の興味をいったん高めはするものの、そのあと本編を見て一気に失望させられ、期待した分だけ不快感が強まるケースが、最近は増えているように思われる。例として、CM前の告知では、そのあと非常にインパクトのある発言が出るように演出されていたものが、実際に見てみるとまったく地味でおもしろくないものだったりすることはよくある。また、CM明けにすぐに続きが流れるかのように告知されていながら、CM後にはいき

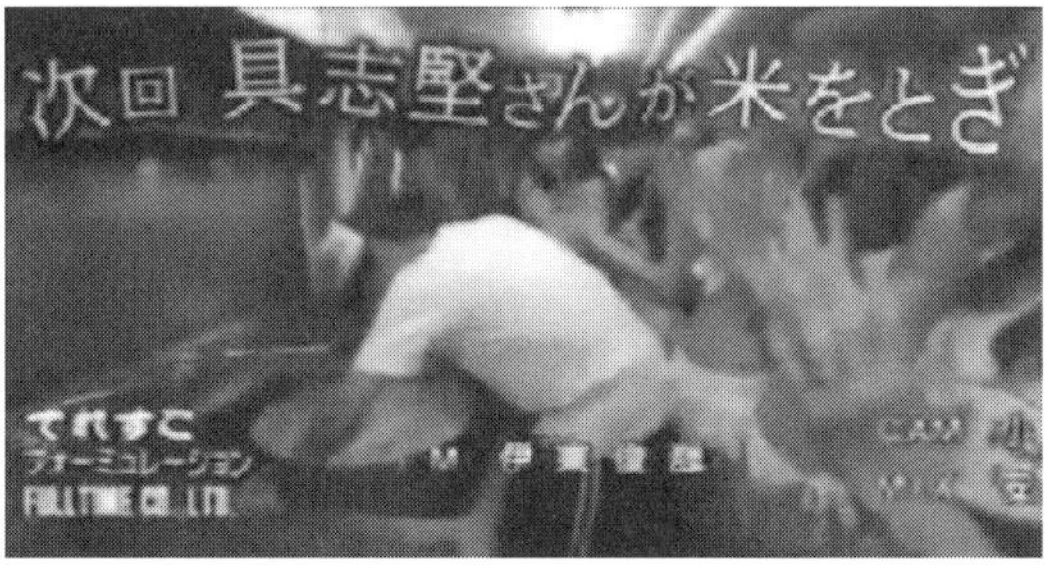

図64　『中井正広のブラックバラエティ』（正式番組名で「中居正広」ではなく「中井正広」と表記されている）日本テレビ系列（2010年９月12日）

なり別のコーナーになってしまうこともある。悪質なケースでは、ＣＭ直前に「このあと！」というテロップとともに興味をそそるような演出をほどこしたハイライトシーンが流れるので、ＣＭが終わるのを楽しみにしていると、まったく同じ映像が「次回の予告」というテロップ付きでもう一度流されることがある。図63はその一例である。ＣＭ前に「このあと」というテロップとともに図63の映像が流れるが、この映像はこの回には放送されなかった。ＣＭ明けには別の映像が少し流れ、番組は終わり、その直後に「次回」というテロップとともに「このあと」と同じ映像がもう一度流れたのである。

　制作側がこのような態度をとると、テレビの特性を活かした「クイズ性」の肯定的な効果は小さくなって、むしろ否定的な印象だけが強調される恐れがある。このことは考えるべき課題である。「クイズ性」が間違った方向で乱用されると、その番組に対する信頼だけでなく、テレビというメディアそのものに対する信頼度にも悪影響を与える可能性があるだろう。

　以上、本章ではＣＭと番組予告といった番組外部の要素がどういう「クイズ性」をもち、どのように番組やテレビそのものに作用しているのかを考えてきた。「クイズ性」という概念をもう少し広げて考えてみると、こうした個々のコンテンツだけではなく、テレビのレギュラー編成もまた「クイズ性」のバリエーションの一つであると見なすことができる。たとえば連続ドラマのように長い物語で、毎週あるいは毎日少しずつ進行するものなどは、回が区切られているので自然と時間的断絶ができ、段階的に情報を公開していることになる。ドラマの最後の「続く」というテロップも、テレビの「クイズ性」を表象しているといえなくもない。

また、最近の傾向として、「クイズ性」は、番組の内容をよりよく伝えるためだけではなく、番組そのものをPRするために使われるようになりつつある。先に述べたCM前に流れる番組告知がそれだが、こうなるともはや「クイズ性」は番組が伝えたいと思っている意味ある内容をアピールするためのものというより、番組の存在そのものをアピールするための道具でしかなく、テレビが「クイズ」にしているのはテレビそのものだという転倒した事態に陥っているといえる。しかし、なぜテレビは自分自身をアピールするために「クイズ性」を使って視聴者を引き付けようとしているのだろうか。あるいは、テレビはいつのまにか何かを伝える媒体ではなく、テレビという媒体そのものを伝える媒体になっていたということなのだろうか。

本書では、テレビという媒体のなかにある「クイズ性」の遍在とその表現方式のバリエーション、およびその意味と役割を探究するために考察を重ねてきた。だが、考察の最後で「いまのテレビはどこに向かっているのか」「テレビとはそもそも何なのか」という根本的な問いに向き合うことになった。「クイズ性」という日本のテレビを特徴づける性質を検証することで、テレビの現在の傾向が明らかになるとともに、今後のテレビを考えるための論点が浮かび上がってきたのである。

注

（1）二〇一一年十一月二十八日に新華社通信（電子版）で報じられ、「日本経済新聞」ほかさまざまな媒体でも報道された。「live door news」の Record China では、「テレビドラマは多くの家庭で見られており、広く大衆に愛されている精神文化製品の一つ」であることから、物語の連続性を損なうコマーシャルをドラマの合間に流すことを全面的に禁止することが決定された、と報じている（http://news.livedoor.com/article/detail/6070537/〔二〇一二年十二月二十八日アクセス〕）。

（2）日本民間放送連盟の「日本民間放送連盟放送基準　第十八章「広告の時間基準」」を参照（www.j-ba.or.jp〔二〇一一年十二月二十八日アクセス〕）。

（3）榊博文／今井美樹／岡田美咲／出羽かおり「番組内ＣＭ提示のタイミングが視聴者の態度に及ぼす影響」（真鍋一史編著『広告の文化論――その知的関心への誘い』日本広告研究所、二〇〇六年）を参照。

（4）場面転換とはＣＭの前とあとで場面が転換した場合をさす。そのため、ＣＭの前に流した場面をＣＭのあとでもう一度見せる場合は場面転換にはならない。

（5）前掲「番組内ＣＭ提示のタイミングが視聴者の態度に及ぼす影響」一四三―一四四ページ

（6）同論文一六四―一六五ページ

（7）二〇〇六年におこなわれたYahoo!のリサーチ（テレビＣＭに関する調査）では、十二歳以上の男女千百人のうち八二パーセントが、中間広告（番組途中で挿入されるＣＭをさす韓国の用語）を見ても見なくてもチャンネルは変えないと答えている。アン・チャンヒョン「地上波放送局の中間広告運営実態」「海外情報」二〇〇七年十二月号、ＫＢＳ、一九ページ

（8）前掲「番組内CM提示のタイミングが視聴者の態度に及ぼす影響」一四八ページ

（9）「日本・アメリカ・イギリス・フランスのテレビ放映番組のなかから、ニュース、ドキュメンタリー、映画、ドラマ、スポーツ、バラエティー、クイズの七ジャンル（イギリスではバラエティー番組がないため、それを除いた六ジャンル）の三十分以上で構成される番組をそれぞれ三本ずつVTRに録画して視聴し、実際のCM部分を数え、「山場」か「一段落」か、場面転換したかをチェックした。日本の場合、洋画三本に加え、比較のため、邦画二本も分析したので総番組数は八十三本である。調査時期は二〇〇二年八月から〇三年一月である」（前掲「番組内CM提示のタイミングが視聴者の態度に及ぼす影響」一四二ページ）

（10）同論文一四九―一五四ページ

（11）同論文一五七ページ

（12）同論文一五八ページ

終章　クイズ化するテレビ

毎日のように新しいメディアが紹介され、新しいコミュニケーション形式が生まれているいまの時代に、すでに日常のものとして位置づけられているテレビは、もはや新たな興味を引く対象ではないかもしれない。しかし、日常的なメディアだからこそ、テレビを知ることは難しい。

我々は身近な存在であるテレビについて、ほかのどのメディアより知っているつもりだが、近い存在であるがゆえに俯瞰して観察することができないという盲点もある。また、テレビは自らが存在する社会と文化に根底で結び付いているために、人は特定のテレビ文化に慣れてしまうとそれがテレビというものだという先入観にとらわれやすい。習慣的に見ているだけでは、テレビの未知の側面を見ることができないのである。

その点で、韓国で生まれ育った私が日本のテレビを視聴する経験をもつことができたのは、テレビを改めて見直すいいきっかけになった。私は日本のテレビを通じていままで知らなかったテレビの特性、すなわち「クイズ性」を発見することになったのである。本書はその「クイズ性」の遍在と現れ方、そしてテレビはなぜ視聴者に質問するのかという問いへの答えを明らかにすることに重きを置いてきた。

本書の内容をもう一度振り返ってみるなら、まず、前半の第1章・第2章・第3章ではさまざまなクイズ番組の場面を取り上げて、テレビという媒体とクイズというコミュニケーション形式の関係性に注目した。

一般的なクイズの特性がテレビのクイズにも当てはまることを確認したが、時間への介入、視聴覚的演出、マスメディアとしての責任、情報源としての情報素材の多様さと膨大さなどが、よりテレビ的なものとしてのクイズを成り立たせていた。

次に、後半の第4章・第5章では、「クイズ性」がジャンルと番組の境界を超えて遍在していることを明らかにした。クイズ番組以外のジャンルにおける「クイズ性」を検証するために、代表的な例としてニュース番組、ランキング番組などを扱ったが、それ以外のジャンルにも「クイズ性」を読み取れるだろう可能性を指摘した。また、CMや予告のように番組外部のコンテンツにも浸透した「クイズ性」に着目して、「クイズ性」が日本のテレビ全般にいきわたっている性質であることを明らかにした。

「クイズ性」の表現方式は、情報素材の特性によって重点の置き方や細部の視聴覚表現は異なっていたが、主に、一時的な秘密化、段階的な情報提供、同時刻性の実現、答え探しを目的とするコンテンツ、情報公開のイベント化などの形で現れることがわかった。

テレビがもつ「クイズ性」は、効果的な伝達のための工夫、視聴者を楽しませるための演出法、マルチメディア時代にテレビが生き残るための現実的な措置、「ながら視聴」という視聴態度が根づいている日常メディアとしての限界を、テレビ特有の親近感や会話性を利用して克服しようとする努力の試み、映像媒体としての特性を十分活かした効果的方法などとして解釈できる。半面、その誤用と乱用によってさまざまな問題を起こす危険性もあり、実際にその否定的な影響が現れていることを例を通じて確認した。

このようなクイズがもつ肯定的な効果と否定的な影響のあいだでバランスをとるため、テレビ制作者は「クイズ性」をしっかりと認識してそれを調節する必要があり、視聴者は「クイズ性」を楽しむ一方で、批判的な思考を備えた視聴姿勢をもつように求められる。

テレビが視聴者に質問する理由については、クイズの一般的定義で用いられた三つのキーワードを借りて答えることができる。すなわち、①啓蒙、②娯楽、③見せ物化がクイズというコミュニケーション形式がとられる目的なのだが、それはそのままテレビがクイズの特性をもつことの理由になっている。テレビは主に以下のような目的を達成するためにクイズ的要素を活用していると思われる。①情報源であるテレビは多くの人々が知るべきことについて伝えようとしており、そのためにクイズを積極的に利用する。日本人が知るべきことや現代人に役立つ情報の伝達、文化を共有するための道具として、クイズには果たすべき役割が明確に存在する。

また②テレビの「クイズ性」は、視聴者の時間的な体験をコントロールすることで楽しさや娯楽性を生み出す。緊張を高める演出とその解消を繰り返し経験することで、視聴者は精神的に刺激を受けることができ、それには映像媒体ならではの時間的な要素が密接に関連している。

そして③クイズは、番組出演者のキャラクター化と会話・情報のショー化を通じて放送コンテンツを「見せ物化」している。特に、クイズ番組やクイズコンテンツ以外のところでクイズ的要素が使われるときには、ほとんどこの効果を目的として「クイズ性」を演出しているように見える。

ただ、クイズ的手法の応用が「見せ物化」に過度に偏っている点については自省が必要だろう。クイズコンテンツでは有効だった何かを伝えるという機能が「クイズ性」へと拡張されることで次第に薄まり、「見せ物化」だけに集中する傾向が現れているからである。実際、引き付けることだけに目的を置いてしまい、伝えようとする「中身の不在」が生じる例が目につくという事態も起こっている。

とりわけ、「山場ＣＭ」や番組予告ではテレビが自分自身をクイズ化し、「クイズ性」はテレビ自身をアピールし「見せ物化」するための道具として使われている。「クイズ性」を使って媒体として何かを伝えるのではなく、媒体としてのテレビそのものをアピールしようとしているのである。これは、テレビのメディアとしてのアイデンティティーやあり方を考慮すれば、注目すべき傾向である。はたして新聞とラジオなどのほかのメディアでも、このように自己ＰＲの意志が露骨に表面化することがあるのだろうか。このような観点からすると番組予告そのものの存在理由にも疑問が生じてくる。これはまた「いま、テレビはどこへ向かっているのか」「テレビのあり方は何か」という質問になって我々に戻ってくる。

このようにテレビはまだ無数のシールでキーワードを隠された存在で、本書はそのなかの一枚のシールをめくったにすぎない。だが、このような探究が「テレビとは何か」というテレビをめぐる最大のクイズ問題に答えるための一つの試みであることは、まちがいないだろう。

参考文献

日本語文献

石田佐恵子／小川博司編『クイズ文化の社会学』（Sekaishiso seminer）、世界思想社、二〇〇三年
石田佐恵子「テレビ文化のグローバル化をめぐる二つの位相――クイズ番組ジャンル研究」「思想」二〇〇三年十二月号、岩波書店
「is――特集「クイズの人類学」」第六十号、ポーラ文化研究所、一九九三年
NHK放送文化研究所編『二十世紀放送史――資料編』日本放送出版協会、二〇〇三年
NHK放送世論調査所編『家族とテレビ――茶の間のチャンネル権』日本放送出版協会、一九八一年
影山貴彦『テレビのゆくえ――メディアエンターテインメントの流儀』世界思想社、二〇〇八年
海後宗男『テレビ報道の機能分析』風間書房、一九九九年
北村日出夫／中野収編『日本のテレビ文化――メディア・ライフの社会史』（有斐閣選書）、有斐閣、一九八三年
北村日出夫『テレビ・メディアの記号学』（ホモ・メディウスシリーズ）、有信堂高文社、一九八五年
小林直毅／毛利嘉孝編『テレビはどう見られてきたのか――テレビ・オーディエンスのいる風景』（せりかクリティク）、せりか書房、二〇〇三年
坂元昂監修、高橋秀明／山本博樹編著『メディア心理学入門』学文社、二〇〇二年
佐藤二雄『テレビ・メディアと日本人』すずさわ書店、一九九四年
志賀信夫「ニュースコープ」『テレビ番組事始――創生期のテレビ番組二十五年史』日本放送出版協会、二〇〇八年
鈴木健司「クイズはテレビの王道だ」、TBSメディア総合研究所編「新・調査情報」二〇〇三年七・八月号、東京放送、二〇〇三年
鈴木健司「バラエティ番組は今後も経営資源でいられるか」「放送文化」第二十一号、NHK出版、二〇〇九年
鈴木みどり『テレビ・誰のためのメディアか』学芸書林、一九九二年
関口進『テレビ文化――日本のかたち』学文社、一九九六年
ジェリー・マンダー『テレビ・危険なメディア――ある広告マンの告発』鈴木みどり訳、時事通信社、一九八五年

ジョン・フィスク／ジョン・ハートレー『テレビを〈読む〉』池村六郎訳、未来社、一九九一年
ジョン・フィスク『テレビジョンカルチャー――ポピュラー文化の政治学』伊藤守／常木瑛生／小林直毅／藤田真文／吉岡至／高橋徹訳、梓出版社、一九九六年
竹内洋／徳岡秀雄編『教育現象の社会学』（Sekaishiso seminar）、世界思想社、一九九五年
竹林滋／小島義郎／東信行／赤須薫『ライトハウス英和辞典』第四版、研究社、二〇〇二年
田中義久／小川文弥編『テレビと日本人――「テレビ五十年」と生活・文化・意識』法政大学出版局、二〇〇五年
筑紫哲也『テレビ体験』（朝日文庫）、朝日新聞社、一九八六年
露木茂『メディアの社会学』（社会学選書）いなほ書房、二〇〇〇年
友宗由美子／原由美子／重森方紀「日常感覚に寄り添うバラエティー番組――番組内容分析による一考察」、NHK放送文化研究所編「放送研究と調査」二〇〇一年三月号、NHK出版
成田康昭「情報過程とリアリティ――メディア文化の構造」「応用社会学研究」第四十九号、立教大学社会学部、二〇〇七年
『表現手法――いわゆる〝やらせ〟をめぐって』（放送倫理ブックレット）、日本民間放送連盟、一九九五年
日本民間放送連盟編『放送ハンドブック』改訂版、日経BP社、二〇〇七年
日本テレビ50年史編集室『テレビ夢50年――番組編』第一巻―第六巻、日本テレビ放送網、二〇〇四年
萩原滋編著『テレビニュースの世界像――外国関連報道が構築するリアリティ』勁草書房、二〇〇七年
長谷正人『テレビ文化のメディア史的考察』文部科学省科学研究費補助金研究成果報告書、二〇〇四―〇五年、二〇〇六年三―七月
長谷正人／太田省一編著『テレビだョ！全員集合――自作自演の一九七〇年代』青弓社、二〇〇七年
畠山兆子／松山雅子『物語の放送形態論――仕掛けられたアニメーション番組』世界思想社、二〇〇六年
林秀彦『おテレビ様と日本人』成甲書房、二〇〇九年
平野次郎『テレビニュース』主婦の友社、一九八九年
藤竹暁『テレビとの対話』日本放送出版協会、一九七四年
古木杜恵／笠谷寿弘／海江田哲郎「特集 デジタル時代のキラーコンテンツか？視聴者参加クイズ最前線」「放送文化」二〇〇一年二月号、日本放送出版協会

文室直人「メディア・リテラシーを学ぶ（十）「朝の情報番組」分析、そして…」「ヒューマンライツ」二〇〇二年三月号、部落解放・人権研究所、二〇〇二年
牧田徹雄「テレビ視聴者調査の半世紀」「思想」二〇〇三年十二月号、岩波書店
マーティン・エスリン『テレビ時代』黒川欣映訳、国文社、一九八六年
メアリー・アン・ドーン「情報、クライシス、カタストロフィ」篠儀直子訳、「Inter communication」第五十八号、NTT出版、二〇〇六年
重延浩「クイズという「道具」で、みんなが「共に考える」番組にしたい」、TBSメディア総合研究所編「調査情報」二〇〇八年七・八月号、TBSテレビ
渡辺彰『現代TV文化の展望――教育TVを重点として』光風出版、一九五九年
渡辺武達『テレビ――「やらせ」と「情報操作」』（三省堂選書）三省堂、一九九五年

韓国語文献
안창현「세계의 프로그램 분석 일본、버라이어티형식、정보성、강화」『해외방송정보』한국방송공사、二〇〇七年
안창현「지상파 방송사의 중간광고 운영실태――클라이맥스형 중간광고에 시청자거부감 느껴」『해외방송정보』한국방송공사、二〇〇七年
안창현「日、버라이어티쇼의 축제화、개그화로 폭넓은 시청자 유인」『해외방송정보』한국방송공사、二〇〇八年
アン・チャンヒョン「世界の番組分析日本――バラエティー形式に「情報性」強化」「海外放送情報」二〇〇七年六月号、韓国放送公社
アン・チャンヒョン「地上波放送社の中間広告運営実態――日本」「海外放送情報」二〇〇七年十二月号、韓国放送公社
アン・チャンヒョン「日、バラエティーショーの祭り化・お笑い化で幅広い視聴者を誘引」「海外放送情報」二〇〇八年六月号、韓国放送公社
이동환「中 퀴즈 프로그램、오락요소 혼합해 인포테인트먼트로 부활」「해외방송정보」二〇〇八年四月号、한국방송공사
イ・ドンファン「中クイズ番組、娯楽要素混合しインフォテインメントへ」「海外番組情報」二〇〇八年四月号、韓国放送公社
임혜경「獨、정보、오락 혼합의 퀴즈 대거편성」『해외방송정보』한국방송공사、二〇〇六年

イム・ヘギョン「ドイツ、情報・娯楽混合のクイズショー大挙編成」『海外番組情報』韓国放送公社、二〇〇六年
주형일『영상매체와 사회』한울 커뮤니케이션、二〇〇四年
ジュ・ヒョンイル『映像媒体と社会』ハンオルコミュニケーション、二〇〇四年
손미령「TV 퀴즈프로그램의 유희성」홍익대학영상대학원、二〇〇九年
ソン・ミリョン「テレビクイズ番組の遊戯性研究」弘益大学映像大学院、二〇〇九年
최은영「이데올로기적 주체형성에 관한 연구 퀴즈프로그램에 나타난 지배이데올로기분석을 중심으로」한국외국어대학원、一九九四年
チェ・ウンヨン「イデオロギー的主体形成に関する研究――クイズ番組に表す支配イデオロギー分析を中心に」韓国外国語大学院、一九九四年
손범수「복합장르 프로그램의 이용과 충족에 관한 연구 KBS TV 퀴즈탐험 신비의 세계분석을 중심으로」연세대학언론대학、二〇〇〇年
ソン・ボムス「複合ジャンル番組の利用と充足に関する研究――KBSTV クイズ探検神秘の世界分析を中心に」延世大学言論大学院、二〇〇〇年
김현주「텔레비전 퀴즈 프로그램의 이용행태 연구――지상파 TV 프로그램 분석을 중심으로」성균관대학언론정보대학원、二〇〇四年
キム・ヒョンジュ「テレビクイズ番組の利用形態研究――地上波テレビ番組分析を中心に」成均館大学言論情報大学院、二〇〇四年
강주희「Quiz-based Cooperative learning 기법을 활용한 퀴즈쇼 수업 디자인개발――영어 읽기 이해력 향상을 중심으로」단국대학교육대학원、二〇一〇年
カン・ジュヒ「Quiz-based Cooperative learning 記法を活用したクイズショー授業デザイン開発――英語読みの理解力向上を中心に」檀国大学教育大学院、二〇一〇年

補論　クイズ番組とテレビにとって「正解」とは何か
――一九六〇年代から八〇年代の番組を事例に

太田省一

1　高校生大会から見えてくるもの――『クイズグランプリ』

テレビに知り合いが出ているのを見ることとは、独特の興奮がある体験だ。筆者の場合、その最初は高校生のときだった。

一九七〇年代を代表するクイズ番組の一つ、『クイズグランプリ』（フジテレビ系、一九七〇―八〇年）。月曜から土曜まで毎日夜七時半から十五分間の帯放送で、月曜から金曜までの各曜日優勝者計五人が、土曜日にあるその週のチャンピオン大会に出場するというシステムだった。問題には、「スポーツ」「芸能・音楽」「文学・歴史」「社会」「科学」、そして日替わりテーマの「スペシャル」からなる六つのジャンルがあり、各ジャンルからは、難易度に応じて十点から五十点に配点された五問ずつが出題された。[1]

この『クイズグランプリ』は、視聴者参加型のクイズ番組だった。[2]普段解答者席に座るのは社会人や大学生なのだが、ときどきスペシャルとして高校生大会が開催されることがあった。そこに筆者の同級生が高校のチームとして出場したのである。それが知り合いをテレビで見た私の初体験だった。

一九七〇年代半ばの当時、一般人がテレビに出演することは、まだ特別なことだった。テレビは非日常の世界だった。知り合いがテレビに出ているのを見て筆者が感じた興奮の原因には、そのことがまずあっただろう。晴れの舞台に立つ同級生は、普段間近に見る彼らとはどこか違って見えた。ある種のまぶしさを感じたのである。

だがそれだけではない。その晴れの舞台がクイズ番組であるということも大きかったように思う。ほかの出場校は全国的に有名ないわゆる進学校ばかりで、知らず知らずのうちに筆者もそれらの高校に対抗意識を燃やしていたのだろう。それが同級生への応援の気持ちとともにハラハラ緊張するような大きな興奮につながっていた。

クイズ番組で活躍することが「頭の良さ」を証明するというとらえ方は現在も根強い。現在も『クイズプレゼンバラエティー Qさま!!』(テレビ朝日系、二〇〇四年)など高学歴を売りにした芸能人や有名人が活躍するクイズ番組は多い。

そのような常識のかなりの部分は、この『クイズグランプリ』のような一九六〇年代から七〇年代にかけての視聴者参加型クイズ番組によってできあがったもののように思われる。

当時の代表的クイズ番組をほかにもいくつか思い出してみよう。『アップダウンクイズ』(テレビ朝日系→TBS系、一九六三―八五年)、『クイズタイムショック』(テレビ朝日系、一九六九―八三年)、

『ベルトクイズQ&Q』（TBS系、一九六九〜七五年）。これらの番組は、細かいルールの違いはあっても、教養や一般常識を尋ねる問題に対してより多く正解することを求めるようなものだった。先述した『クイズグランプリ』の出題ジャンルは、当時のクイズ番組のそうした側面を端的に示している。

そこに早押しという要素が加わる。いま述べている観点から見れば、それも「頭の良さ」を際立たせる演出として機能していた。問題をまだ読み終わらないうちにボタンを押して正解することは、点数自体が変わるわけではないが、問題を全部聞いてから正解するよりも正解としての価値が高いという共有された認識があった。

それは、テストで同じ百点をとるならば、より早く答案を提出したほうがより優秀であるというような考え方に似ている。そうとらえるならば、クイズ番組が求める「頭の良さ」とは、学校のテストで高得点をとる能力、勉強ができる能力に限りなく近いものということになる。いろいろな分野の知識を万遍なくおさえていること、言い換えれば教科書的知識を偏ることなく暗記していることが、クイズ番組でいい結果を残すために必要になる。暗記の努力による知識の蓄積をベースにして、出された問題の要求に応じて可能な限り短時間で正解すること、それがクイズ番組で解答者に求められていたことである。それは結局、学校的価値観の社会的再確認でもあった。

その成果に対して、クイズ番組の優勝者は相応の報酬を与えられた。一九六〇年代から七〇年代前半、その象徴だったのが「百万円」であり「ハワイ旅行」だった。「タイムイズマネー一分間で百万円のチャンスです」（『クイズタイムショック』）、「十問正解して、さあ夢のハワイへ行きましょう」（『アップダウンクイズ』）というような番組の定番フレーズがあったことからもわかるように、「百万円」や「夢のハワイ」は、クイズ番組の象徴であり、一般視聴者にとっての憧れの的だった。[3]

ところで、『クイズグランプリ』では、土曜日のチャンピオン大会の優勝者には「ヨーロッパ旅行」が授与された。一九七〇年代に入ってくると、高度経済成長による日本人の平均的生活水準の向上の結果、「レジャー」への余裕も生まれ、海外旅行は次第に身近なものになった。ハワイは憧れの異郷ではなくなりつつあった。「ヨーロッパ」は、そのような状況に対応した「ハワイ」の上位互換的な代替物だった。

一九七九年の『クイズグランプリ』春休み高校生大会の決勝でも、優勝校に対して二十日間のヨーロッパ旅行が贈られた。つまり未成年の高校生にも、一般の大人の参加者と同じく、ヨーロッパ旅行という豪華な賞品が用意された。子ども向けだからといってスケールダウンするのではなく同等の賞品のままだったところに、クイズ番組と学校的価値観の本質的なつながりが逆に浮き彫りになっているように感じられる。

2 クイズには運の味方が必要――『アメリカ横断ウルトラクイズ』

この『クイズグランプリ』の高校生大会は、一九八三年に第一回が開催され、現在も毎年恒例となっている日本テレビ『全国高等学校クイズ選手権』（以下、『高校生クイズ』と略記）の先駆的形態だったとも言えるだろう。

だが『高校生クイズ』には大きく異なる面もあった。勝ち抜くには、知識の量だけではなく運の味方が必要だったからである。[4]

たとえば、ばらまきクイズ。これは、屋外の広い場所に大量にばらまかれた問題入り封筒を解答者が無作為に拾ってきて司会者に渡し、なかに書かれた問題に答えるというクイズなのだが、そのなかに「ハズレ」、つまり問題が入っていない封筒が交ざっている。それを引いた解答者は、そのまままた新しい封筒を取ってこなければならない。要するに、まず問題に答える以前に運の助けが必要なのだ。

このばらまきクイズは、もともと同じ日本テレビの『アメリカ横断ウルトラクイズ』（一九七七—九八年。以下、『ウルトラクイズ』と略記）でおこなわれていた。実は『高校生クイズ』という番組自体が、『ウルトラクイズ』のスピンオフ的な企画として始まったものだ。

出場者が東京からニューヨークまでをともに旅しながら各所で振り落されていき、最終的に「クイズ王」が決まる『ウルトラクイズ』には、ばらまきクイズをはじめ、運を味方につけなければ突破できない関門が数多く用意されていた。

第一関門の○×クイズがまずそうである。これは、真実なら○、嘘なら×を答えるだけのシンプルなクイズだが、出される問題がとても難しく、運を天に任せるしかないようなものだった。たとえば、「ニューヨークにある自由の女神像の除幕式では、女神像はフランス国旗で覆われていた。○か×か？」のような問題が出された。[5] またその次の関門である出国直前の成田では、ジャンケンによる勝ち抜き戦が恒例となっていた。そこでも運の要素が勝ち抜くために必要だった。

第一回から司会を務めた福留功男は、『ウルトラクイズ』には各大学のクイズマニアがたくさん参加するが、そのような人たちを落とすことはいたって簡単だと語る。「百科事典からの問題ではなく、日常の生活の中から出題すると、実に弱い。それに勘で勝負させられると、これも弱い」[6]

この発言からは、『ウルトラクイズ』が、『クイズグランプリ』のようなクイズ番組では優位な立場にあった勉強ができるタイプの解答者を〝仮想敵〟にしていたことがうかがえる。そのために、百科事典＝教科書的知識にはないことを問うクイズや運の味方が必要なクイズが定番になった。

別の見方をすれば、そこではクイズが純粋にコミュニケーションを楽しむための手段になっていると言えるかもしれない。クイズ自体が目的ではなく、クイズをきっかけに起こるさまざまなハプニングやドラマ、そしてそこに表れる出場者の地のままの姿に焦点を当てること、それが『ウルトラクイズ』の基本姿勢だった。

その表れの一つが、途中で脱落した出場者への罰ゲームである。たとえば、負けた出場者にアメリカからヒッチハイクで帰国するよう命じ、しかもその際、乗せてくれた仕込みの老婦人が突然腹を立て始め、あげくにライフルを出場者に突き付け、周囲に何もないような場所で出場者を車から降ろしてしまうという手の込んだドッキリを仕掛ける。それは、出場者の素の表情をとらえるためだった[7]。

その結果、出場者は単なる解答者ではなく、それぞれの個性をもった一人の人間としてクローズアップされることになる。『ウルトラクイズ』は、「単なるクイズ番組ではなく、クイズの形式をとった「ヒューマンドキュメンタリー」に成長していった」[8]。なかには、視聴者からファンレターが殺到するような出場者も現れた。つまり、出場者がタレント化するという現象が起こったのである。その最初のケースが、優勝者ではなく途中で敗れた大学生だったというのもその意味で示唆的だ[9]。

3 クイズ番組的タレント論——戦後大衆社会とクイズ

振り返ってみると、確かにクイズ番組は、芸能人・有名人であるか一般人であるかを問わず、出演者がタレント化するのには格好の空間だった。

ＮＨＫで放送された『連想ゲーム』（一九六九—九一年）などはその好例である。男性の白組と女性の紅組に分かれ、各組キャプテンが出すヒントから連想し、正解の言葉を当てる。出場者は、芸能人や有名人。賞金や賞品があるわけではない。そのなかで、各解答者の個性や人間味が自然に際立つ。

たとえば、田崎潤は答えに自信があるとき、手を振り下ろすような大きな動作とともに大声で答える。だが、そんなときにかぎってよく間違ってしまい、ちょっと恥ずかしそうな素振りを見せる。また、対戦相手同士の大和田獏と岡江久美子は、どちらが勝とうが負けようが、いつもどこか親密そうな様子に見える（のちに二人は実際に結婚する）。三人はみな、俳優という本業をもつ。だがここでの彼や彼女らは、俳優としてではなく、一人の人間、言い換えればタレントとして魅力を放っている。[10]

もう少し、タレントという存在について考えてみたい。以下、哲学者の福田定良が一九六〇年代におこなった議論に沿ってみていこう。

福田によれば、タレントとは大衆的な才能の持ち主である。では、大衆的な才能とはどのようなものか。

まず一つは、大衆が戦後になって獲得した自由に由来する才能である。戦後、誰もが気楽に物を言ったり表現できたりするようになった。その変化を大衆に確認させ、自覚させたのは、マスコミ、特にテレビである。だから私たちは、タレントと聞くと、まずテレビ・タレントを思い浮かべる。[11]

もう一つは、コミュニケーションの才能である。マスコミを通じて私たち大衆の心をとらえ、私たちを説得し、ときには私たちと話し合う才能である。それは、芸能人よりもむしろ学者や評論家のタレントに見られる才能である。[12]

だがこうした才能は、特別な才能ではない。いま述べた才能の説明からもわかるように、私たち大衆のなかにすでにあるものである。逆の側から言えば、タレントは、マスコミ関係者や視聴者として存在する大衆が発見し、支持することでしか存在できない。「私たちも（略）、実際のタレントを支えたり取捨選択しているという意味では、すでにある程度までタレント的な能力を発揮しているのである[13]」。したがって、「誰でもタレントになれる、というのはけっして誇張ではない。私たちも可能的に、あるいは、実際にタレントである。現代とは、そういう時代である[14]」。

では大衆は、どんなときにある特定のタレントを支持するのか。

それは、「タレントは私たちとともにある、という感情」をタレントが私たちに起こさせるときである。なぜならそのときはじめて、私たちは、前述したような意味で、戦後私たちが自由な人間になったことを自覚することができるからである。[15]

さらに福田は、そうした自由と密接な関係にあるのが運というものだと言う。しばしば運は、私たちの力ではどうしようもないもの、と感じられている。だから教養がある人は、運をつかもうとするよりは、自分の能力を高めようと努力すべきだ、と考えたがる。だが福田によれば、それはすでに自由である人たちの考え方でしかない。そういう人たちは真剣に宝くじを買おうとはしないだろうが、自由になろうとする人たちは、積極的な行為として宝くじを買う。そして同じことは、より健全な意味でタレントにも当てはまる。[16]「運をつかんだ（略）タレントは、その運が私たちにも平等にあたえられていて、私たちにも、それをつかむ可能性があるのだ、ということ、つまり、誰でもタレントになれるのだ、ということを自覚させてくれる[17]」

以上の福田のタレントをめぐる考察は、テレビのなかでもクイズ番組の出演者にとりわけよく当てはまるように思われる。

教養がある人は、自分が蓄えた知識の量を武器に、その能力を認められたいと望む。『クイズグランプリ』は、そのような人がスポットライトを浴びる番組だった。それに対して、その点に自信がない人は、自分の運を信じ、そのことによって活路を切り開きたいと望む。『ウルトラクイズ』は、知識だけではなく運も兼ね備えることが、最終的に自由を得るための必要条件だということを明確に打ち出した番組だったということになるだろう。

こうした知識と運の対比こそが、クイズ番組を駆動する力である。そしてクイズ番組そのものが、大前提として、戦後日本人が獲得した表現とコミュニケーションの自由なしには成立しない。それは、戦後大衆社会の申し子的なテレビジャンルなのである。

4　二分する正解――『クイズダービー』

この知識と運の対比をクイズのルール自体に組み込んだという意味で画期的だったのが、『クイズダービー』（TBS系、一九七六―九二年）である。

このクイズは、番組タイトルが示すとおり、競馬を模したものである。司会の大橋巨泉が、問題ごとに正答率を推測して、五枠、つまり五人いる解答者それぞれにオッズをつける。その倍率に応じて、三組の予想者が自分の持ち点を賭けて、三千点から最終的に十万点を目指すというのがルールだ。[18]

『クイズダービー』の従来にない新しさは、この予想者の存在にあった。五人の解答者は賭けの対象にすぎない。賞金を目指して競い合うのは、予想者の側である。

芸能人や有名人が予想者になる場合もあるが、原則は一般視聴者である。解答者は、漫画家のはらたいら、女優の竹下景子、大学教授の篠沢秀夫など、芸能人や有名人である。はらたいらは正解率が飛び抜けて高い「宇宙人」であり、竹下景子は三択問題に無類に強い「三択の女王」である、というようにそれぞれの解答者のはっきりした個性分けがある。その意味では、ここでの予想者と解答者の関係は、大衆とタレントのそれに近い。先述の例になぞらえれば、予想者である大衆が、タレントという宝くじを買うようなものだ。

そう考えるならば、『クイズダービー』に毎週必ず出題された三択問題はこの番組を象徴している。それは、教養や一般常識を問うものではなく、実際に起こった珍事件などを三つの選択肢のなかから当てるものである。したがって、解答者であるタレントは、最終的に勘に頼るしかない場合も多い。予想者も、知識や教養のある解答者が正解する確率が高いとはかぎらず、オッズの高い解答者が正解する可能性も無視できないことをふまえて、持ち点を賭ける相手を選択しなければならない。その参考のために、番組には、その日の各解答者の中間成績を司会の大橋が紹介するコーナーがある。この場合、タレントと大衆は、同じように運試しをして、うまくいけばタレントは正解し、大衆は持ち点を増やすことができる。それは、「タレントと私たちが、ともにあるという感情」を抱くことができる一つの形だろう。

つまり、『クイズダービー』は、大衆がタレントを選び、支持するという関係を表現している。そしてその関係が、そのままクイズのルールになっている。具体的には、その問題について正解する解答者を選ぶことが、予想者にとっての正解である。その意味で、正解は、解答者にとっての正解と予想者にとっての正解に二分している。ただし繰り返すが、ここでの最終的な競技者は解答者ではなく、予想者のほうである。解答者は、問題によっては自分の知識や教養をもとに答える場合もあるが、予想者にとっては、問題の種類に関わりなくすべてが運試しである。したがって、三択問題のような個々の問題のレベルを超えた、より根本的なところで運を競うクイズになっている。

運の重視は、『ウルトラクイズ』についてもすでに述べたように、一九七〇年代後半のクイズ番組で目立ってきた傾向である。『クイズダービー』では、それが個々の解答者に帰属させられるのではなく、予想者のゲームへの参加という形で構造化されているのが特徴である。

だが、こうも言えるだろう。設問と解答という関係だけで見れば、知識偏重の傾向は薄まり、三択問題などの運の要素が入ってきているとは言え、「正解は一つ」という原則は変わっていない。

ところが、一九七〇年代末になると、その原則までもが大きく揺らぎ始める。

5 「正解」という制度の可視化——『クイズ一〇〇人に聞きました』からダウンタウンへ

『クイズ一〇〇人に聞きました』（TBS系、一九七九—九二年。以下、『一〇〇人』と略記）もまた、視聴者参加型クイズ番組の一つである。五人一組になった二チームが対抗形式で得点を競い合い、勝ったほうが最後はトラベルチャンスに挑み、そこで獲得した規定の得点分の人数がハワイ旅行に行ける。

そこだけを見れば、一九六〇年代から存在する視聴者参加型クイズ番組と基本的にそれほど異なるところはない。だがこの『一〇〇人』のユニークさは、出される問題の内容にあった。

問題は、番組タイトルにもあるとおり、街頭・職場・学校などでさまざまな一般の人々百人にアンケートをとった上位の結果を当てるものである[19]。

たとえば、司会の関口宏が、「長野県、柳町中学校の二年生百人に聞きました。答えは七つ。長すぎる、と親から文句を言われることは何ですか?」と尋ね、チームのメンバーが順番に答えていき、「テレビを見る時間」や「電話」など全部答えられれば、それぞれの答えを解答した人数分の合計が得点になる[20]。

ここでの正解は、教科書的知識を問うような問題のように、一つに定まってはいない。また同じように中学二年生にアンケートをしても、時と場所が変われば違う結果になるかもしれない。すなわち、正解は一つではなく、そのときの正解にも問題の性質上常に不確定な部分がつきまとう。

その意味で出場者は、正解を解答するというよりも、予想するといったほうが正確である。『クイズダービー』では、解答者と予想者がいた。それに対し、『一〇〇人』では、解答者がいなくなり、実は予想者だけがいる。出場者の答えが正解かどうかわかるまでのあいだに応援席から上がる「ある!ある!ある!ある!」という番組の代名詞にもなった声援は、出場者が正解を答えるのではなく予想しているからこそ生まれる表現であるにちがいない。

結局、ここには「正解」という制度が可視化されているように思われる。「クイズ」であることが宣言され、最後に「?」が付きさえすれば、そこに何らかの「正解」が必ず存在することになる。そのような問いと答えの倒錯した関係が、ここで言う「正解」という制度である。

動かしようのない正解がまずあって、それを問うのではない。問いがあるから「正解」が存在することになる。根本的には、『クイズグランプリ』のような権威づけされた教科書的知識を問うようなクイズもそうだろう。だがそこではその側面は隠れている。それに対し、『一〇〇人』では、本来クイズの問いではないアンケートの質問がそのまま問題になることで、そのような「正解」の制度性があらわになっている。『一〇〇人』のようなクイズでは、世の中のあらゆることが（潜在的に）「正解」になる。逆に言えば、世の中のあらゆることはクイズになるのである。

『一〇〇人』の放送開始から約十年後、このような「正解」の制度性は、漫才のネタとして俎上に載せられることになった。

一九八〇年代の終わり、当時若手コンビだったダウンタウンが世に知られるきっかけになったネタの一つが「クイズ」だった。

ネタは、松本人志が出題者役、浜田雅功が解答者役になって進む。

たとえば、出題者役の松本がこんな問題を出す。「花子さんは、お風呂屋さんに行きました。さて、どうでしょう?」。解答者役の浜田は、当然怒りだす。こんな問題には答えようがない。そこで松本は「わかりました。問題をわかりやすくしましょう」と譲歩する。そこで改めて出された問題。「花子さんは、お風呂屋さんに行きました。というのも、花子さんはお風呂が大好きです。夏場なんて日に二回は行きます。（少しの間）さて、どうでしょう?」。浜田「一緒やないかい!」。

「クイズ」という名のもとに何かが問われるかぎり、そこには正解があるはずだ。だが、いま問われたことには正解があるとは思えない。にもかかわらず、正解があることが当たり前であるかのように、出題者役の松本は「カチ、カチ」と無表情に時間を刻み続ける。

解答者役の浜田の怒りは静まらない。クイズならば、ちゃんと正解が導き出せるような出し方をしろと。だが一方で浜田は、解答者であることをやめることができない。それは、次のように、ふとしたはずみで正解してしまうことがあるからである。

　問題は進んでジェスチャークイズ。松本が無言で前後に手を振る珍妙な動作をしてから出題する。「どうでしょう？」。あきれかえった浜田は思わず「おまえ、あほちゃうか」と発する。すると松本「ピンポン、ピンポン、正解です！」。運よく正解してしまった浜田も、それまでの渋面から一転笑顔になる。

　一九八〇年代の終わり、このようにクイズがネタにされたのは、「正解」という制度に対して一定の距離をとり、相対化することが可能になったからだろう。しかし、浜田が結局解答者であり続けるように、私たちは、「正解」という制度にまだ強い魅力を感じてもいる。あるいは、そのような両面性こそが「正解」という制度の本質かもしれない。そのことをダウンタウンのネタはあぶり出す。(21)

　すなわち、『一〇〇人』が示したように、世の中のあらゆることが「正解」になりうるというのであれば、どのような形であれ問いかけになっていればいい。その観点からすれば、「さて、どうでしょう？」という問いもまた、「クイズ」として成立する。それはどう答えていいかわからない一方で、どう答えてもかまわないものでもある。そこからダウンタウンは、浜田の偶然の正解のように、「正解」という制度の遊戯性を最大限に引き出してみせる。

　その遊戯性は、『ウルトラクイズ』にもあった、クイズを手段にした純粋なコミュニケーションとしての楽しみとつながっている。一九八〇年代は、それが一つの確かな流れになり、クイズ番組が脱クイズ化する傾向がみられた。たとえば、正解を出すこともさることながら、司会の大橋巨泉とレギュラー解答者の石坂浩二やビートたけしらとのあいだで繰り広げられるタレント同士のトークのほうが見せ場とも言えた『世界まるごとHOWマッチ』(TBS系、一九八三―九〇年)などがそうである。(22)

そして「正解」という制度への気づきは、もう一つのより大きな流れを生んだ。それは、テレビにおけるクイズという形式の汎用化である。

6 情報という「正解」――『ズームイン!!朝!』とその後

そのような視点に立ったとき、一九七九年には、『一〇〇人』に加えて、もう一つの重要な番組がスタートしていたのがわかる。日本テレビ『ズームイン!!朝!』(以下、『ズームイン』と略記)である。

『ズームイン』は、毎朝長時間の生放送だった。そのような番組は、それまでワイドショーと一般に呼ばれていた。ワイドショーの中心になるのは、芸能人のゴシップやスキャンダラスな事件・事故だった。ところが『ズームイン』は、そうした定番的なネタを一切扱わなかった。代わりに全国の系列局を生中継で結び、各地方の日常的な暮らしに密着した話題をメインに据えた。「東京も一ローカル」であり、「全国おしなべて平均で、どこが親玉とかじゃなくて、それぞれの土地からそれぞれの情報が出てくる番組[23]、それが『ズームイン』だった。[24] ここから『ズームイン』に対して、「情報番組」という呼び方がされるようになっていく。

つまり、ここで言われる「情報」とは、上下の序列がないものである。派手な芸能ゴシップやセンセーショナルな事件・事故が無条件にトップにくることはない。すべてのニュースは並列である。『ズームイン』で「情報」について起こったことは、『一〇〇人』で「正解」について起こったことと同型である。世の中のあらゆることが（潜在的に）「正解」になったように、世の中のあらゆることが（潜在的に）「情報」になる。

この二つの流れが接近し、交わったところにあったと見ることができるのが、『ズームイン』の人気コーナーだった「Wicky さんのワンポイント英会話」である。

スリランカ人のアントン・ウィッキーさんが、毎朝生で各地に予告なしに出没し、通勤中や通学中の人々を呼び止め、いきなり英語で話しかける。呼び止められた人々の反応はさまざまである。流暢に受け答えをする人もいるが、多くの人は、単語だけで返したり、英語の言い方がわからず日本語で答えたりする。また時間がなく急いでいたり、テレビに映るのが恥ずかしかったりするために、一目散に逃げていく人も少なくない。

ウィッキーさんは、英会話のきっかけとして、疑問文を用いる。たとえば、"How was the summer vacation?"と話しかける。この場合それは、英会話のレッスンというよりも「クイズ」とは宣言されないクイズである。最後に「?」がつく言葉に対して、話しかけられた人は「正解」を探す。答えが「海外旅行に行った」であれ「塾に通った」であれ、英語を日常語として用いない日本人の多くは、それを英語でどう言えばいいか考え、「正解」しようとする。

そこでのウィッキーさんは、ときには話しかけた人に逃げられながらも、街を行く人々に「?」で語りかけ、律儀に「正解」を教え続ける。そこから見えてくるのは、テレビが考える「情報」とは、汎クイズ化した世界に顕在化した「正解」だということである。日本全国さまざまな街に神出鬼没のウィッキーさんは、「それぞれの土地からそれぞれの情報が出てくる番組」をコンセプトにした『ズームイン』をまさに象徴していた。

この『ズームイン』を成功に導いたスタッフが続いて手がけたのが、『午後は○○おもいッきりテレビ』(日本テレビ系、一九八七―二〇〇七年)だった。一九八九年に二代目の司会になったのが、みのもんたである。そして本書第4章第1節でもふれられているとおり、健康情報番組として人気を得た同番組で、みのが説明の手法として駆使したのが「めくりフリップ」だった。フリップに書かれた文章や見出しの一部が隠され、それをめくりながら、説明が進められていく。

言うまでもなくここでも、「情報」がクイズの「正解」になっている。しかしウィッキーさんの英会話にはあった、話しかけられた人の困った表情や答えてくれる人を追い求めて走り回るウィッキーさんの荒い息遣いなどの緊張感とユーモアにあふれた余白、つまり純粋なコミュニケーションとしての楽しみはない。そこには「情報=正解」の少しだけもったいぶった確認作業があるだけだ。

みのの司会就任と同じ頃に注目された先述のダウンタウンの「クイズ」漫才の最後は、こうなる。「ラーストチャーンス」と叫び、松本が、「大きなかごにミカンが三千個入っています。すごいでしょ?」と問う。答えあぐねた浜田が「すごい…」と同意すると、「ピンポン、ピンポン、正解です!」。そこにあるのも、確認としての「情報＝正解」である。それは、『午後は○○おもいッきりテレビ』をそのままクイズ化した場面であるかのようだ。

こうして一九八〇年代の終わり、テレビはクイズになり、クイズはテレビになったのである。

注

(1) 後年、細かなルール変更などが加えられるところもあるが、ここでは基本的に番組開始当初の形に拠りながら話を進める。以下でふれる、ほかのクイズ番組についても同様に扱う。

(2) 解答者の型に着目したクイズ番組の歴史については、小川博司「日本のテレビクイズ番組史」(石田佐恵子/小川博司編『クイズ文化の社会学』〔Sekaishiso seminar〕所収、世界思想社、二〇〇三年)を参照。

(3) クイズ番組とハワイの関係については、石田佐恵子「いつかハワイにたどり着くまで――海外旅行の〝夢〟の行方」(同書所収)を参照。

(4) この『高校生クイズ』のスタイルには変遷がある。近年はむしろ純粋に学力を競う形式であり、かつての『クイズグランプリ』に近い。

(5) この第一問では、自由の女神に関した出題をすることが恒例になっていた。

(6) 福留功男編著『ウルトラクイズ伝説』日本テレビ放送網、二〇〇〇年、一〇二―一〇四ページ

(7) 一見豪華でありながら、実はがっかりするようなものが優勝賞品の恒例になっていたことも同じ文

脈でとらえられる。たとえば、「二エーカーの広さがあるが、何の役にも立たないアメリカの砂漠の土地」や「満潮になれば沈む島」が賞品になった。それは、実際に「百万円」で買えるというひねりのきいたものだった。

(8)前掲『ウルトラクイズ伝説』九二―九三ページ

(9)同書四三ページ

(10)『ぴったしカン・カン』(TBS系、一九七五年)も、クイズという形式を借りて解答者(ここでは、コント55号など芸能人と一般視聴者が混成チームを組む)のタレント性を楽しむ番組の代表例である。

(11)岡本博/福田定良『現代タレントロジー――あるいは〈軽卒への自由〉』法政大学出版局、一九六六年、二―三ページ

(12)同書三―四ページ

(13)同書五ページ

(14)同書七ページ

(15)同書一六―一七ページ

(16)同書一九―二〇ページ

(17)同書二〇ページ

(18)大橋が『クイズダービー』を企画した経緯については、大橋巨泉『ゲバゲバ七〇年!――大橋巨泉自伝』(講談社、二〇〇四年)三五二―三五八ページを参照。

(19)この番組は、海外で生まれたクイズ番組のフォーマットをそのまま移植したものである。しかしここでは、本稿の議論全体で示すように、日本で放送された形態を日本のテレビ状況のなかに位置づけることを目的としている。

(20) TBSテレビ編『クイズ一〇〇人に聞きました一九八九年版』朝日ソノラマ、一九八八年、一四五—一四六ページ

(21) ここで素材にしているのは、ダウンタウンが一九八九年四月五日に放送された日本テレビ『春満開!!超人気NEWマンザイ・お笑いスター総登場』で披露したときのものである。阿部嘉昭は、DVDに収められた版をもとにこのネタについて分析し、そこにテレビ的同一性を解体するような批判力を読み取っている。阿部嘉昭『松本人志ショー』河出書房新社、一九九九年、五三—六五ページ。また前掲『クイズ文化の社会学』(二〇〇四—二〇五ページ)も参照。

(22) 一九八〇年代後半になると、『クイズダービー』にも井森美幸のような、のちの「おバカキャラ」を彷彿とさせるタイプの解答者がレギュラー入りし、大橋巨泉とのボケとツッコミ的な応酬が見せ場の一つになる。またこうした脱クイズ化の一方で、クイズ番組における教科書的知識への需要が薄れ、一九九〇年代に入った頃、専門的あるいはマニアックな分野についての知識量を純粋に競い合う超クイズ化の傾向も生まれる。深夜番組として人気を博した『カルトQ』(フジテレビ系、一九九一年)がその代表例である。

(23) 齋藤太朗『ディレクターにズームイン!!——おもいッきりカリキュラ仮装でゲバゲバ…なんでそうなるシャボン玉』日本テレビ放送網、二〇〇〇年、一九ページ

(24) 前日のプロ野球の試合結果を、東京だけでなく大阪や広島など本拠地のある各地域からひいき目的な視点で伝えるコーナー「プロ野球いれコミ情報」は、その一例である。

解題　テレビの文化人類学　長谷正人

1　異文化体験としてのテレビ

黄菊英《ファン・クギョン》さんの論文を初めて読んだとき、序章の挿話に驚いた。彼女自身が来日してテレビを見始めたころ、テレビが視聴者に向かって盛んに「問い」を発してくることに戸惑い、それにいちいち答えようとして気詰まりになってしまったという経験談だ。たとえば、司会者が視聴者に向かって「みなさんはこの問題をどうお考えでしょうか?」と問いを投げかけてみたり、バラエティー番組中のCM前に「この後、登場する大物女優はいったい誰?」といったテロップとナレーションを流したりするなど、確かに日本のテレビはいつも視聴者に「質問」らしきものを提示してくる。ファンさんはそれらすべてにクイズに答えるかのように真剣に考えてしまったため、韓国にいたときのようにテレビを心地よく見られなくなっていたという。

しかしむろん日本人の私は、あんな軽い問いかけにまともに答えようと思ったことは一度もない。

日本のテレビに慣れ親しんでいる人間にとっては、あれは儀礼的な問いかけにすぎないのであって、真剣に答えようとする必要などないことは自明のことだろう。せいぜい、視聴者をつなぎとめる（ザッピング防止の）ためにいちいち問いを出してくるテレビ局は、なんてせこいんだとバカにするくらいが関の山だ。だからファンさんの真剣さに、私は虚をつかれたような思いがしたのだ。

むろんそれは、日本のテレビの見方に習熟していない外国人の失敗にすぎなかったのかもしれない。だが私は逆に、それほど真面目に日本のテレビを見たことがあるだろうかと自省してしまった。他人より上手にテレビを見ているつもりだった私は、実は日本的なテレビの見方に知らずして規律化されてしまっていたのではないか。むしろ見慣れない目でテレビを見たほうが、見えてくることもあるのではないか。そんなことを考えさせられた。

このように、その社会で暮らしている内部の人間にとってはごく自明で説明する必要もない生活習慣のありよう（文化）を、その社会の外部からやってきた人間が不思議な驚きをもって観察して明らかにすること、そしてそのことで、観察者自身の文化のありようを相対化すると同時に、当地の人々にとっての文化のありようまでをも相対化してしまうこと。そのような学問の試みを「文化人類学」と呼んでもいいだろう。だからファンさんが本書でやってみせたテレビ研究もまた、「文化人類学」的なテレビ研究と言えるのではないかと思う。

ファンさんはまさに一種の文化人類学者として、日本人が気づかない日本的テレビの奇妙さをさまざまな細部に次々と発見していった。そのときにキーワードになってくるのが「クイズ」なのだ。クイズとは言っても、私たちが普通考えるようなクイズ番組のクイズだけではなく、そこには、先の事例のような視聴者への儀礼的な問いかけも含まれている。ファンさんが挙げているなかでも最も印象的な事例を挙げておこう。日本のスポーツニュースでは、W杯サッカーや野球の試合結果を報道するとき、もう結果は出ているにもかかわらず、司会者はそれを知らないかのように振る舞って「さあ、試合はどうなったでしょう？」という問いかけとともにダイジェスト映像を紹介するだろう。そのとき視聴者は、まるでクイズに正解するためのヒントを探るかのような、奇妙な宙吊り感覚とともにその編集映像を見なければならない。

しかし韓国ではそういう場合、何対何でどっちが勝ったという結果を真っ先に伝達したのちに、ゆっくりと試合経過のダイジェスト映像を見せるそうだ。だから韓国人のファンさんにとっては、日本のスポーツニュースはクイズの形式をもった奇妙な放送に見えたという。むろん私自身もまた、そうした試合結果に関するクイズ的な報道のありように気づいていなかったわけではない。いや実のところ、いつもイライラしてきたにもかかわらず、わざわざ語るべき特徴とは考えられなかったのだ。だからそれを日本のテレビの特徴的形式として発見したのは、まさに異邦人としてのファンさんの独特の視点があったからだと思う。

2 テレビの文化人類学

しかし、テレビを文化人類学的な視点から研究するということは、実は簡単なことではない。なぜならテレビが、ある特定の意図をもって作られ、受容される文化的制作物であり芸術的作品＝番組として提示されるからである。ドラマは人々の情動を揺り動かすために入念に作り上げられ、ドキュメンタリーやニュースは社会問題を人々に啓蒙するという社会正義のために作られ、バラエティー番組は芸人たちのトークを利用していかに人々を楽しませるかを競っている。そして視聴者の側も、そういうジャンルや番組や出演者を目印にして、テレビ番組を楽しんでいる。だからテレビ研究者は、どうしてもその制作者たちの意図やジャンルに沿って「番組」を分析するしかないところがある。だからファンさんが問題にするクイズ番組の場合であれば、それがいかに人々の知識欲を満足させているかとか、いかに賞金の大きさが人々の射幸心を煽っているかとか、あるいはそのバラエティー番組の楽しさがどこにあるかといった、番組の意図や出来栄えを理解するところで落ち着いてしまう。[1]

しかしテレビは、そうやって鑑賞し、批評する作品であると同時に、日常生活のなかに埋め込まれた文化（生活様式）としての側面ももつ。[2]たとえば、映画や美術や演劇が日常生活からはかけ離れた場所で鑑賞され、観客にいかに非日常的な経験をさせるかを目的として作られているとすれば、むしろテレビは常に私たちの日常生活のなかに組み込まれた、超越性をもたない芸術にすぎない。私たちは自分の生活のリズムに合わせて、朝の出かける時刻を知るために朝ドラを見たり、夕ごはんの食器を洗いながら背中でバラエティー番組を見たり、一人暮らしでさみしいからただテレビを点けっぱなしのままで寝たりする。電話がかかってきたり、赤ん坊が泣きだしたり、インターフォンが鳴ったりするたびにテレビ観賞は中断され、それを私たちはさして怒ることもなくそのまま受け入れる。
むろん、このようにテレビを芸術作品としてではなく、（文化人類学的に）日常生活に組み込まれた文化として分析する研究はこれまでもおこなわれてこなかったわけではない。たとえば、イギリスのテレビ研究者デビッド・モーレーは民族誌的調査と称して、南ロンドンの十八家族を選んで、彼らが家庭のなかでいかにテレビを視聴しているかをインタビュー調査した。そして、妻が家事をしながら視聴する傾向があるのに対して夫は集中的に番組を見ようとするなど、ジェンダーによって視聴行動に差異があることを明らかにした。[3] またそうした民族誌的調査をふまえたうえで、ロジャー・シルバーストーンは、テレビジョンは、日常生活の一日や一週間の時間的・空間的スケジュールを作り出したり、国家的イベントの放送を通してハレの日を演出するなど、私たちの日常的現実の基層部分を占有していると分析した。[4]
こうした、テレビを日常文化の基層としてとらえた文化人類学研究は私たちにとって重要な先行研究だが、しかしそれらの研究はいつのまにか日常生活それ自体の分析に傾いていって、テレビの内容自体を軽視してしまっていることも事実だろう。それでは何だかつまらないではないか。テレビにはやはりただの生活様式であることを超えた不思議な魅力をもって人々を引き付けているところがあるはずだ。つまり、ファンさんの研究が圧倒的にユニークでおもしろいのは、文化人類学的な視点を視聴者の生活行動に対してではなく、テレビ放送自体がもっている魅力に対して向けたところにある。だからそれは、テレビ番組の内容分析でもなく、かといって視聴者の民族誌的調査でもない、テレビ放送自体の民族誌とでも呼ぶべきユニークなものになったのだ。

そうやってファンさんが発見したのが、テレビの視聴者に対する儀礼的な呼びかけである。日本のテレビは、完成された番組を視聴者に提示しようとするのではなく、それが視聴者を意識して作られていることを常に示そうとする。[5] だから視聴者への呼びかけは、テレビのあらゆる細部に繰り返し繰り返し現れてくる。それはニュースを迅速に伝えたり、ドラマによって視聴者の感情を揺さぶったりするという番組の目的に沿った効率的なやり方とはいえない。視聴者は、謎かけをされることで注意を引き付けられるものの、むしろ繰り返されることでイライラさせられるといったマイナスの効果も多い。それにもかかわらずそれは繰り返されてしまう。

だからそこにこそ、私たち当事者たちがあまり自覚化できない、日本のテレビの基層的部分に眠っている基本的な特徴があるのではないか。視聴者に向かって真っ直ぐに自分の言いたいことを伝えるという啓蒙的なコミュニケーション・スタイルよりも、自らはあえて知らないふりをして「さあどうしてでしょう?」と視聴者を放送の共犯者として巻き込むコミュニケーション・スタイルをとるのが日本のテレビなのではないか。ついでに言えば、そうした日本独特のコミュニケーションの特徴こそが、この社会でテレビ文化をほかの社会よりも増幅させた理由ではないだろうか。

3　占領軍と日本のクイズ文化

ファンさんは、「クイズ」を日本のテレビに独特のコミュニケーションの形式ととらえて分析した。しかしむろん、これは現在の私たち日本人が常識的にクイズと考えているものとはいささか違っている。私たちにとっての「クイズ」とはむしろ、「一八九六年に第一回のオリンピックが開催された都市はどこですか？」→「うーん、わかりません」→「正解はアテネです」とか、「日本への原子爆弾投下を承認したアメリカ大統領は誰ですか？」→「トゥルーマン大統領です」→「ピンポーン。正解です」といった具合に、出題者が社会常識に関わる問いを出しては、それに応じて解答者が正解を目指して答えるような律義なコミュニケーションの反復的形式とでも言うべきものだろう。

ファンさんが日本のテレビに発見したのは、このように明快な正解を求めて出題されるクイズ、つまりクイズ番組における本格的クイズではない。そうではなく、それらは、クイズであるかのようなふりをしながら視聴者に目配せしようとしているという意味で、「儀礼としてのクイズ」と呼ぶことができるだろう（ファンさんは、これを「クイズ性」を呼んでいる）。それに対して、いわゆるクイズ番組で出題されているような本格的なクイズを「ゲームとしてのクイズ」と呼べるだろう。後者のようなクイズは、決してある一問だけで成り立っているのではなく、必ず質問と解答というやりとりを何回も積み重ねることで得点を競い合う「ゲーム」として構成されているからだ。

こうした「ゲームとしてのクイズ」は、現在の私たちにとっては、テレビ以外の日常的なコミュニケーションでも使われるような自明な文化形式だが、しかし第二次世界大戦直後の日本人にとっては自明なものではなかった。丹羽美之の優れた研究[6]によれば、クイズは第二次世界大戦後、GHQ（連合国軍総司令部）の占領政策のなかで日本のラジオ放送に導入（＝強制？）された文化形式であり、用語だった。ＧＨＱは戦時中の日本のラジオ放送が政府によって国民をコントロールするための道具として使われたことを批判して、日本に民主主義を根づかせるために番組内容を改め、できるだけ一般大衆にマイクを開放するように指導した。その指導の結果として、全国各地の街頭で一般市民があるテーマに関して次々と意見を述べ合う『街頭録音』（一九四六―五八年）、素人《しろうと》が誰でも参加して歌のうまさを競える『ＮＨＫのど自慢』（一九四六―名前を変えて現在まで）、そして視聴者と出演者が知識を競い合う「当てもの」番組（クイズという用語は知られていなかった）としての『話の泉』（一九四六―六四年）や『二十の扉』（一九四七―六〇年）などが作られたのだ。

つまり占領軍は、人々が自分たちの知識を競い合うという意味で、クイズを民主主義的なゲームだと考えていた。そのためアメリカの番組を模倣した番組を日本のラジオ局に作らせて、結果的にこれが爆発的な人気を獲得した。『話の泉』の聴取率は六七パーセントで、『二十の扉』が七七パーセント（一九四九年）、聴取者からの投稿がそれぞれ百三十三万通と四百八十万通（一九五〇年度）というすさまじい数字だった。(7)ただし、これら二つの番組は、その後のクイズ番組のように素人が解答者となって競争するという形式ではなく、聴取者が投稿したクイズに知識人が答えられないと賞金がもらえるという形式をもっていた。その意味では、素人出演型のクイズ番組以上に、民主主義的な性格（視聴者が自分の知識によって専門家を打ち負かすゲーム）をもっていたと言えるかもしれない。

しかし実はこれらの番組は、決してＧＨＱがねらっていたように、素人が知識を競い合うゲーム的な番組として人気があったわけではない。むしろ勝負をかけて戦うゲーム性がほとんどなし崩しにされ、クイズをきっかけにしてトークを楽しむことに主眼が置かれるような、「儀礼」性を帯びた番組となっていたために人気があった。

たとえば、現在も保存されている『話の泉』の第一回（一九四六年十二月三日放送）のやりとりを聞いてみよう。(8)聴取者が投稿した「猫のアゴの動きと犬のアゴの動きはどう違うか」という問題が、「難問ですなあ」という司会者・徳川夢声の感想とともに紹介されると、四人の解答者のなかの一人の中野五郎が「よくは知らないが、猫のほうはアゴを動かすとき耳も動かすが、犬は耳を動かさないということではないか」と答え、それに対して徳川は「それも一つの解答かもしれないけど、ここで聞いているのはアゴの動きであって耳の動きじゃない」と応じて周囲を笑いに包み、それから「猫のアゴは上下にしか動かないが、犬のアゴは上下左右と自在に動く」という正解が紹介され、「勉強になりましたな」という声とともに聴取者＝出題者の勝利が宣告される。ほかでは、「トランプカードの四つの王様のうちで横顔を見せているのはどれ？」という問題に対して、解答者・サトウハチローが「ダイヤの王様」と解答をすばやく言うと、徳川が「正解だ」と告げると同時に「なぜでしょう」と尋ねる。するとサトウは「金持ち喧嘩せず、でしょうな」と応じてまたいっせいに笑いが起きる。

このように、『話の泉』という番組はクイズの正解・不正解を通して勝負を決めていくゲーム性が目指されていない。「猫のアゴ」をめぐる問題のように、何が正解かがはっきりしない問題だが、しかし答えを聞けばなるほどと思わせるような発想のおもしろさに出演者たちが感心してみせたり、解答者の知識人が、「金持ち喧嘩せず」というユーモアある発言で聴取者を笑わせたりといったように、クイズに答えるというゲームを前提にしながらも、そのルールのなかで出演者たちがしゃれた座談を繰り広げることが番組の楽しさになっている。したがって、ここではクイズの「ゲーム性」は「儀礼性」によって乗っ取られていると言えるだろう。実際、何が正解で何が不正解なのかがはっきりしない問いが多かったので、司会者が判断に困って「アイコ（引き分け）です」という結果になることも多かったようだ。

4　ゲームとしてのクイズ／儀礼としてのクイズ

このような「ゲーム」と「儀礼」の相克という問題は、実はクイズだけでなく人間の文化や思考様式をめぐる、より普遍的な文脈に置いて考えることができると思われる。この二つの対称性を提起したのは、文化人類学者のクロード・レヴィ＝ストロースである。彼によれば、「ゲーム」は、開始されるときには参加者は全員平等な状態だが、終了するときには勝者と敗者という差別を作り出す形式をもっているのに対して、「儀礼」の場合は反対に、開始時は不平等な関係にあった参加者たちが、最後には互いに平等な関係に置かれるという形式をもっている。[9]だから、前者は平等を条件にして参加者の競争を誘発するとすれば、後者は不平等を条件にして競争を回避しようとする文化の形式だと言えるだろう。

そこでレヴィ＝ストロースが挙げている民族誌の事例が興味深い。ニューギニアのガフク・ガマ族は、フットボール（彼らにとっては異文化の西欧式スポーツ・ゲーム）を覚えたが、しかし両軍の点数が正確に同じになるまで何日も試合をやめなかったというのだ。[10] つまり彼らは、勝負を決めるための「ゲーム」をしながらも、それを一種の「儀礼」に変形してしまったことになる。これは、先に考えた日本のクイズ番組の場合とよく似ているだろう。GHQが啓蒙的に教え込んだ、知的ゲーム（競争）としてのクイズは、日本人の手によって、誰もが平等に楽しめる座談の場（「儀礼」）に変えられてしまったのだから。

ここから私たちは、ゲームと儀礼の対比を、さらに近代社会の競争原理（ゲーム）とテレビの儀礼性の対比に発展させることができると思う。テレビ番組を作ることは基本的には競争である。人気がある優れた番組を作ってスポンサーを獲得したり、高い評価を得て贈賞されたりするために、テレビマンたちは競って優れた番組を作ろうとする。その意味でテレビは近代的な競争原理に貫かれている。それは視聴者の場合でも同じだ。視聴者にとって、テレビ番組に出演して親戚や周囲の人たちの評判になることは誇らしいことだ。その意味で、テレビはさまざまな日常的なものを有名にして光り輝かすための装置である。商店街のコロッケやどら焼きやラーメンといった平凡なものは、テレビに映し出されるとたちまちオーラを帯びた商品に見えてくるし、素人たちは、のど自慢やクイズ王や大食いチャンピオンやスター誕生などのテレビ番組で勝利を競うことで有名になる。その意味で、テレビはあらゆる事物や人々を、さまざまな疑似的な競争ゲームに巻き込んでいく社会装置のようなものである。

しかし他方で、テレビはそうした競争としてのゲームをなし崩しにしてしまう儀礼的な装置でもある。優れたスポーツ選手も、秀でた俳優や歌手も、高潔な学者や政治家も、テレビに出てしまえば、好きな食べ物は何ですかとか、ご家族には何と呼ばれていますかとか、好きなタレントは誰ですかといったつまらない質問を浴びせられ、くだらないゲームやトークに参加させられて、たちまちのうちにオーラを剝ぎ取られて凡庸な人間へと転落させられる。日常性を超えた超越的な力を発揮したからこそ出演させたにもかかわらず、テレビは彼らに日常些事の話ばかりを要求して、「やっぱり同じ人間よねえ」といった視聴者の安心感のなかに引きずり下ろそうとする。その意味では、テレビはスポーツ・政治・芸能・学術といったさまざまな社会的ゲームの勝者たちを、自分たちと平等な存在に貶めるための「儀礼」的装置である。

つまりテレビは、近代的な競争社会のなかに埋め込まれた、反＝競争的な装置なのだ。近代社会は誰もが何らかの公共的ゲームのなかで競争させられる社会である。政治家はより正しい意見を言うことで、芸術家はより新しい芸術を作ることで、科学者はより真実に近づくことで、経済人はより高い利益を上げることで、アスリートはよりいい記録を目指すことで、子どもはよりいい成績を上げることで、それぞれ互いに競争し合う。しかし、そうやって公共空間では人間は平等な条件を仮構して競争することができても、私的な家庭生活では、大人と子ども、男性と女性、健常者と病人といった不平等な条件の人間たちが一緒に暮らしているから、そのような競争は不可能である。そこでは人々は互いの生存を守り合うために助け合って暮らすしかない。そのような平等原理が支配する日常空間の真ん中で見てもらおうとするために、テレビはどうしても競争的原理を捻じ曲げられてしまうのだ。

ここから、ファンさんが発見した、日本のテレビの「儀礼としてのクイズ」——たとえば、知っている試合結果を知らないふりをして報道すること——の意味がわかってくるだろう。韓国のテレビは、公共社会の論理に従って、すでに知りえた試合結果を責任をもって迅速に報道する。しかし日本のテレビは、私的空間（お茶の間）の論理に合わせようとする。視聴者の目線に立って「さあ結果はどうなったでしょうか」と呼びかけることで、視聴者とのあいだに平等な関係を作り出したかのように偽装したいのだ。それが日本のテレビを支配する「儀礼の論理」である。

こうして日本のテレビは私的空間の儀礼のルールに従うことで、その公共性（競争の論理）をどんどんと歪曲化させ、放送を儀礼的呼びかけで充満させてしまう。むろんそれは日本社会の特徴であるとはいえ、もともとテレビが近代社会に対してもっていた特徴（＝儀礼性）を極端なところまで推し進めた結果にほかならない。逆に言えば、日本社会がほかの社会よりもテレビ文化が盛んになったのは、競争原理をなし崩しにしようとする日本文化の儀礼的特質にぴったりと合っていたからにほかならないだろう。だからファンさんは、文化人類学者としていかなる地方のフィールドに出かけることもなく、東京の真ん中の自室で、日本人が見たくない日本社会の特質にいきなり遭遇することができたのである。

5 オルタナティブなクイズの可能性

では、そうして何もかも儀礼化してしまう日本のテレビに対して私たちはどう向き合えばいいのだろうか。これまで多くの知識人やテレビ研究者たちは、日本のテレビがジャーナリズムとしての責任（公共性の論理）をもたないことを繰り返し批判してきた。日本のテレビはいつも、政界と馴れ合い、スポーツ選手と馴れ合い、芸能界と馴れ合ってきたではないか、と。そうした批判は、むろん公共性の論理としては正しい。しかし、テレビがこれだけ長い年月にわたって社会と馴れ合い続けてきたとすれば、私たちはそうしたテレビの儀礼性を批判するだけではなく、むしろそれをテレビの特質と認めたうえで、そこに公共性の論理とは違った可能性を探ったほうがいいのではないだろうか。

以下に紹介する、日本のクイズ番組を分析した二つの論文は、そのような可能性を探求した試みだと思う。まず一つ目は、先ほど紹介した丹羽美之の論考である。ここで丹羽は、問いと答えを一対一で対応させ、正解を目指して競争するアメリカ型クイズ番組を、現代日本社会におけるマニュアル化・規格化されたコミュニケーション（コンビニの接客のような）や受験的知識のシンボルとして考え、かわりにＧＨＱの指導にもかかわらず『話の泉』のように多義性に開かれた当てもの番組しか作れなかった、日本文化の別のありように可能性を見いだそうとしている。たとえば、「切ってても切っても切れないものなあに？」というなぞなぞの問いに対しては、正解は「トランプ」でも「水」でも「ハンドル」でもいいのだから、私たちはそうやって問答するなかで生活のなかに埋め込まれた「知恵」を掘り起こすような工夫をするだろう。だからそこには、公共性の論理や西欧式学問の「知識」とは異なった、日常生活の「知恵」の論理が創造的に発揮される可能性がある。

しかしファンさんが指摘したように、現在の日本のテレビが視聴者と馴れ合うようなクイズ（呼びかけ）に満ちあふれているのを見るとき、クイズ番組の最初期にあった「なぞなぞ」的な問答の可能性を称揚するだけではすまなくなるのも事実だろう（『笑点』〔日本テレビ系、一九六六年―〕のような馴れ合いに終わってしまうのではないか）。結局なぞなぞ的な問答は、「トランプ」だの「水」だのといった既知の答えのあいだを浅く旋回するだけにとどまって、思わぬアイデアを創造的に切り開くような思考の醍醐味を欠いているのではないか。

こうした日本的クイズのありようを鋭く批判したのが、丹羽論考と同じ本に掲載されている、遠藤知巳のクイズ論(11)である。遠藤は、そもそもアメリカ型のクイズ知が、（丹羽が論じるように）一義的な正解を要求するような管理的問いであるとは考えない。むしろクイズでは、「次のうち、タルコット・パーソンズの著作はどれでしょう」というような専門的知識を必要とする問題がほとんど排除されているだろう。つまり、クイズ番組にとって大事なことは、新しい知識を啓蒙することではなく、その正解がわかったときに何らかの既知感を視聴者に与えることができるということなのだ。だから遠藤は、クイズはそもそも最初からスポーツのような本格的な競争ではないという。つまり私の言葉で言えば、クイズはこの社会の平凡な常識を改めて相互的に確認する「儀礼」にすぎないのであって、本格的に知識を競うゲーム性（競争性）をもっていないということだ。

そこから遠藤は、ファンさんと同じように、日本のテレビにはクイズが遍在しているという問題に行き着く。CM前に「このあと○○が□にした衝撃の言葉とは？」と呼びかけられては、その答えが「決して「衝撃」でも「意外」でもないことがわかっている」状態で、なおCM後の映像を待たなければならないときの、あの居心地の悪い時間を一種のクイズとして見いだすのだ。だがそのように遠藤が鮮やかに日本のテレビのクイズ性を指摘するとき、私は、その分析自体に、すべてが既知として見えてしまうクイズ的なシニシズム性を感じてしまう。そのような分析は、あまりにクイズがもっている平板な儀礼性に似てはいないだろうか。つまり、遠藤の論考もまた、アメリカ的なクイズの正解主義とは反対の方向を目指しているという意味で、丹羽の論考と案外近い位置に置かれると思うのだ。

ここでようやく私は、最初に取り上げた、ファンさんの序章の挿話への衝撃に話を戻せると思う。ファンさんは、日本のテレビの儀礼的呼びかけを私たちのようにうまくやりすごすのではなく、いちいち真剣に答えようとしたのだった。そして日本のテレビに慣れたあとでさえも、そのような姿勢を崩さなかった。その結果がこの論文なのだと思う。そのような過剰な真剣さがなければ、このように日本のテレビの隅々まで、そのばかばかしい問いかけを見いだしていくことができたとは思えない。

たとえば『午後は○○おもいッきりテレビ』（日本テレビ系）や『週刊こどもニュース』（NHK総合）や『ひるおび！』（TBS系）や『情報ライブ ミヤネ屋』（日本テレビ系）で、いかに「めくりフリップ」の技法が使われているのか、あるいは『NEWS ZERO』（日本テレビ系）や『サンデースポーツ』（NHK総合）や『FNNスーパーニュース』（フジテレビ系）などで、スポーツの試合結果の報道をいかに後回しにしてクイズ化しているのか、あるいは『SmaSTATION!!』（テレビ朝日系）や『もしものシミュレーションバラエティー お試しかっ！』（テレビ朝日系）といった番組で使われるランキングが、いかにクイズの形式にのっとったものか、あるいは、とんねるずの『食わず嫌い王決定戦』(フジテレビ系)やナインティナインの『グルメチキンレース・ゴチになります!』(日本テレビ系)といった番組が、料理を利用したクイズ形式という意味ではいかに同じ形式の番組になっているか、あるいは『ロンドンハーツ』(テレビ朝日系)や『中井正広のブラックバラエティ』(日本テレビ系)が、いかにCM前後を利用してクイズ的な次回予告をおこなっているか、などなど。

ファンさんは、こうして日本のテレビの何でもない風景のなかに分け入って、そこにありとあらゆる儀礼的クイズ形式を発見していった。それらは、特別な番組ではなく、ごくごく日常的な感覚のなかで私たちが接している番組ばかりだ。だから私たちは、そこにクイズがこのようにありましたよねと指摘されれば、確かにあったと納得できるのだが、自分たちでは決して意識化できないような何かとしてあるのだと思う。それを次々と見いだしていくファンさんの論文に私は、競争的ゲームのなかで正解を目指すアメリカ式クイズとも、日常的儀礼のなかで正解をやりすごして遊ぶ日本式クイズとも違った、オルタナティブな思考のスタイルを感じた。正解がそこにないとわかっていても、あえてその正解を求めて考え続け、その現象をつぶさに調べ続けること。それこそが「学問」とか「思考」と呼ぶに値するものだと思う。

そのように日本のテレビに向き合って思考し続けた結果、ファンさんは本論の最後に「「テレビとはそもそも何なのか」という根本的な問いに向き合うことになった」と書く。娯楽的なテレビを研究するというばかばかしさにいささかも照れることなく、あるいはテレビが正義の立派さを目指せばいいという無力な正解を捏造してすますこともなく、ただひたすらにテレビの儀礼的な呼びかけに応じようと試み続けること。それによって、彼女はテレビ研究で誰も到達したことがない高みに到達したのではないか。その意味で、これほど透徹した美しい論文はない。そう私は思った。

注

(1) たとえば Su Holmes, *The Quiz Show*, Edinburgh University Press,2008 が参考になる。
(2) ここではレイモンド・ウィリアムズの「文化」の定義を参考にしている。彼によれば、「文化」とは〈芸術〉や〈知的活動〉のように、知的開発、教養を高めることを意味すると同時に、人間集団や社会集団の生活様式全体を意味する（レイモンド・ウィリアムズ『文化とは』小池民男訳〔晶文社セレクション〕、晶文社、一九八五年、一〇ページ）。
(3) David Morley, *Family Television: Cultural Power and Domestic Leisure*, Routledge, 1986.
(4) ロジャー・シルバーストーン「テレビジョン、存在論、移行対象」土橋臣吾／伊藤守訳、吉見俊哉編『メディア・スタディーズ』(Serica archives) 所収、せりか書房、二〇〇〇年
(5) 自分で知っていて知らないふりをするという日本のテレビの特徴を、私と太田省一はかつて「自作自演」と呼んで分析した（長谷正人／太田省一編著『テレビだョ！全員集合――自作自演の一九七〇年代』青弓社、二〇〇七年）。ファンさんが問題としているテレビのクイズ形式は、この自作自演性のことである。
(6) 丹羽美之「クイズ番組の誕生」、石田佐恵子／小川博司編『クイズ文化の社会学』〔Sekaishiso

seminar」所収、世界思想社、二〇〇三年

（7）同論文八三、八八ページ

（8）特別付録CD「懐かしのラジオ番組」、NHKサービスセンター編『放送八十年——それはラジオからはじまった』（ステラMOOK）、NHKサービスセンター、二〇〇五年

（9）クロード・レヴィ＝ストロース『野生の思考』大橋保夫訳、みすず書房、一九七六年、三八—四一ページ。なおジョン・フィスクもクイズ番組を分析するにあたって、レヴィ＝ストロースの「ゲームと儀礼」の議論を使っている。ただし、テレビのクイズが本質的に儀礼に傾きやすいという問題には気づいていない。J・フィスク『テレビジョンカルチャー——ポピュラー文化の政治学』伊藤守／藤田真文／常木瑛生／小林直毅／高橋徹訳、梓出版社、一九九六年

（10）同書三八ページ

（11）遠藤知巳「メディア的「現実」の多重生成、その現在形——クイズ形式からの観察」、前掲『クイズ文化の社会学』所収

あとがき

黄菊英

本書は、早稲田大学大学院文学研究科表象・メディア論コースに、二〇一一年度に提出した修士論文「日本のテレビにおける「クイズ性」」を、大幅に加筆・修正したものである（ほぼ書き下ろしに近い）。

日本に来たころはなにげなく見ていただけのテレビに、あるときふと感じた小さな好奇心が、いつのまにか本格的な研究へと膨らみ、とうとうこのような本にまでなってしまった。自分のなかに存在する「クイズ」の正解を探すかのように、ここまで研究の道をたどってきたのだが、本書を書き終えて思うことは、私自身がその正解を出せないまま、読者に対して同じ「クイズ」を投げかけてしまったのではないかということだ。私自身のねらいとは反対に、むしろ本書は無数のクエスチョンマークで読者の周囲をあふれさせてしまうかもしれない。

しかし、私にとってはこれが精いっぱいの成果なのだと思う。どんな媒体よりも近くに感じることができるテレビが、実は近づけば近づくほど複雑で難しい相手だということを実感し、だから人々は飽きることなく何十年もテレビを見続けているのだという単純だが大事な事実を私は理解することができた。そしてこのことに気づくことで、私はさらにテレビが好きになった。もし本書を読んだ人が、私と同じように〝テレビのことをもっと知りたい〟とか〝テレビの世界にはまだまだ楽しい発見がたくさんある〟などと少しでも思ってくれたとしたら、それだけでも十分に私はうれしい。外国人留学生から見た日本のテレビへの感想や疑問を、日本で生まれ育った人たちがどのように受け取ってくれるのか、いまはとても楽しみにしている。

二〇一二年に帰国していまは韓国で生活をしているが、最近は韓国のテレビでも、本書で指摘する「クイズ性」が強くなっていると感じることが多い。たとえば、韓国ではここ数年オーディション番組が大人気だが、参加者の結果を発表するという最も注目される瞬間に司会者が言う「結果は六十秒後に発表します！」というセリフが流行語になった。つまり「テレビのクイズ性」は、日本にかぎらず強まる傾向があるようなのだ。だとすれば、本書はテレビに関する「クイズ」の正解にはなっていなくても、テレビに関する普遍的な問いかけにはなったのではないかと期待をしている。

日本のことも研究のことも、何も知らなかった私を一から指導してくださって、本書の刊行に際してもお世話になった長谷正人先生、そして修士論文の執筆過程で有益なコメントをくださった副査の岡室美奈子先生と伊藤守先生に心からお礼を申し上げたい。また、本書のために論考を寄せていただいた太田省一さんにも深く感謝したい。そして、あまり上手とは言えない私の日本語の文章をきれいに直してくださって、刊行に至るまでご面倒をおかけした青弓社の矢野未知生さんにも、この場を借りてお礼を申し上げたい。

最後になるが、研究を始めるときから論文を提出するまでお世話になった、早稲田大学大学院文学研究科表象・メディア論コースの諸先生、助手、助教、学生のみなさんに心から感謝したい。

二〇一四年六月

[著者略歴]
黄菊英（ファン クギョン）
1982年生まれ。早稲田大学文学学術院修士課程修了
専攻は表象・メディア論

長谷正人（はせ まさと）
1959年生まれ。早稲田大学文学学術院教授
専攻は映像文化論、コミュニケーション論、文化社会学
著書に『映画というテクノロジー経験』（青弓社）、『映像という神秘と快楽』（以文社）、『悪循環の現象学』（ハーベスト社）、共編著に『文化社会学入門』（ミネルヴァ書房）、『テレビだョ！全員集合』『映画の政治学』（ともに青弓社）など

太田省一（おおた しょういち）
1960年生まれ。社会学者
専攻は社会学、テレビ論
著書に『紅白歌合戦と日本人』『アイドル進化論』（筑摩書房）、『社会は笑う・増補版』（青弓社）、共編著に『テレビだョ！全員集合』（青弓社）など

青弓社ライブラリー83

クイズ化《か》するテレビ

発行——2014年7月20日　第1刷

定価——1600円＋税

著者——黄菊英／長谷正人／太田省一

発行者——矢野恵二

発行所——株式会社青弓社
〒101-0061 東京都千代田区三崎町3-3-4
電話 03-3265-8548（代）
http://www.seikyusha.co.jp

印刷所——三松堂

製本所——三松堂

ISBN978-4-7872-3376-9 C0336